ライブラリ理工新数学=T6

複素関数論入門

磯 祐介 著

サイエンス社

サイエンス社のホームページのご案内
http://www.saiensu.co.jp
ご意見・ご要望は　rikei@saiensu.co.jp　まで．

まえがき

　本書は一変数の複素関数の微積分についての入門書で，理工系学部の関係講義の教科書として活用して頂くことを想定していますが，読者の自学自習でも十分な理解ができるように配慮して説明したつもりです．本書は，著者が京都大学で行なった2回生前期の「函数論」（理科系学生向の共通科目）および2回生後期の「工業数学」（工学部の専門基礎科目）の講義ノートを下敷に，第5章の調和関数等の話題を加筆した上で丁寧な説明を加えたものであり，数学科の学生—特に複素解析に関係する分野を将来専攻しようとする学生—は念頭においていません．このため，扱う「定理」についても，証明を通してその定理の理解が深まるものには詳しく証明をつけましたが，いわゆる証明のための証明のような個所は省略，あるいは演習問題として済ませています．著者自身が複素関数論の専門家ではありませんので，本書は，専門家でない者が専門家を目指さない読者のために書いた複素関数論の入門書ともいえます．

　「函数論」の講義を担当してみて，授業の教科書として相応しい日本語の成書が存外少ないことに気付きました．複素関数論は理学においても工学等においても，また理論においても応用においても重要なテーマですので，多くの図書がこれまでに出版されています．しかしその実態は，内容がしっかりしていて数学科の学生を念頭に置いた高度な内容のものと，理屈はさておき留数を利用した定積分の計算の仕方（いわゆる留数解析）程度の内容のものとの二極に分解しているように思われます．すなわち，数学の中でも複素関数論の応用を必要とする者や，物理学を始めとする理論系の科学，および有理力学（rational mechanics）や制御理論等の理論系工学に進もうとする学生の学修を想定した複素関数論の入門書は，なかなか容易には見つかりません．例外的に，参考文献にも挙げましたが楠幸男先生が書かれた「解析函

数論」は，読者の態度によってこの両者の要求に対応できる優れた成書と思いますが，今となっては手に入りにくいものとなっていることが残念です．

本書は楠先生の名著とは比較すべくもありませんが，楠先生のご本の前半で扱われている程度の題材を著者の考えで整理し，1回生程度の微積分の復習も織り込みながら，説明を行なっています．本書が同程度の内容の他の多くの成書と抜本的に異なると考えられる点は，徹底して複素関数の正則性から理論を説き起こして解析性へと展開している点であり，これによって高等学校から学修している微積分の延長として複素関数の基礎理論が理解できるように配慮したことです．すなわち Cauchy の積分公式までは一直線に進み，その上で冪級数で表される関数（解析関数）との関係を説明して，内容に幅を持たせました．また，複素関数論が形成されていった時代を理解してもらおうと考え，文中に登場する数学者の生年と没年を脚注に記載しています．これらの生年と没年に関しては主として数学辞典第3版（岩波書店）の索引に基づいていますが，一部でネット辞書の Wikipedia の記述も参考にしました．数学的な視点では，本格的な複素関数論は（第5章までしかない）本書でいえば第6章以降の話題であり，例えば，理論においても応用においても重要な楕円関数等の特殊関数の話題には残念ながら殆ど触れていません．さらに進んで学修される方は，末尾の参考文献を参考にして頂きたいと思います．

講義を進めるに際し，また本書を執筆するに際し，著者自身の浅学非才を少しでも補うため，同僚の方々から有益な助言を頂きました．特に京都大学の上田哲生教授と大阪大学の日野正訓教授からは，講義を組み立てる上で重要な助言を頂戴しました．また本書の清書に際しては，研究室院生の真鍋秀吾君と桂幸納君には大変お世話になりました．また最終原稿について，一橋大学の東森信就先生から多くの貴重な助言を頂きました．またサイエンス社の田島伸彦さんと平勢耕介さんには一方ならぬお世話になりました．これらの方々にこの場を借りて御礼申し上げます．

数学の仕事をするときに，私の先輩，同僚あるいは私の研究室の方々も，熱心に机に向かって計算をし，その中で考えを文章として纏めていかれるのに感心します．しかし私は自分の中である程度の考えが纏まるまでは机に向かってもなにもできないため，元来の怠惰さも手伝って，先ずは何事も寝転

まえがき

んだりボーッとしながら考えています．当人は真面目に考えているつもりですが，たまにボーッとしたまま居眠りもしますので，側で見ている方々にはさぞかし怠惰な者に見えていると思います．特に私の両親は呆れているのではないかと思いますので，本書の出版で少しは仕事をしている証として安心させたいと思います．親孝行の真似事になりますが，本書を父 磯博の霊前と，母 由美子に捧げたいと思います．

2013 年 4 月

磯 祐介

目次

第1章 複素数と複素平面 … 1
- 1.1 複素数 …………………………………… 1
- 1.2 複素平面 ………………………………… 6
- 1.3 複素平面上の集合の性質 ……………… 9

第2章 複素関数と正則性 … 17
- 2.1 複素関数 ………………………………… 17
- 2.2 等角写像 ………………………………… 24
- 2.3 関数列の収束 …………………………… 29
- 2.4 解析関数 ………………………………… 38

第3章 複素積分 … 45
- 3.1 複素積分 ………………………………… 45
- 3.2 有界変動関数と Stieltjes 積分 ………… 55
- 3.3 Cauchy の積分定理と Cauchy の積分公式 … 62
- 3.4 複素関数の正則性と解析性 …………… 72
- 3.5 対数関数と逆三角関数 ………………… 80
- 3.6 積分の主値 ……………………………… 84
- 3.7 Cauchy 型積分 ………………………… 88

第4章 留数と積分 … 93
- 4.1 Laurent 展開 …………………………… 93
- 4.2 留数定理 ………………………………… 102
- 4.3 留数解析 ………………………………… 106

第5章　解析関数と有理型関数　119

- 5.1 解析接続 119
- 5.2 最大値の原理 129
- 5.3 Cauchy-Riemann 方程式 133
- 5.4 調和関数 141
- 5.5 有理型関数 153

参考文献　164
索　引 　165

第1章

複素数と複素平面

実数 a,b,c（ただし $a \neq 0$）を係数とする 2 次方程式 $ax^2 + bx + c = 0$ について，判別式 $D = b^2 - 4ac < 0$ の場合には実数ではない複素数の根が現れることはよく知っていることである．しかし，多くの読者にとっては，複素数の厳密な定義を知らないまま現在に至っているのが実情かも知れない．本章では改めて複素数の定義を与え，その性質を詳しく調べることにする．

1.1 複素数

実数全体の集合を $\mathbb{R}$ と表し，その加減乗除の四則演算は素朴に理解しているものとする．このとき次の (1)-(9) が成立することが知られている：

(1) $a + b = b + a$ （加法の可換律） (1.1)

(2) $(a + b) + c = a + (b + c)$ （加法の結合律） (1.2)

(3) 0 に対してはすべての a
について $a + 0 = a$ （加法の単位元の存在） (1.3)

(4) すべての a について，$a + a^+ = 0$
となるような a^+ が存在する （加法の逆元の存在） (1.4)

(5) $a \cdot b = b \cdot a$ （乗法の可換律） (1.5)

(6) $a \cdot (b \cdot c) = (a \cdot b) \cdot c$ （乗法の結合律） (1.6)

(7) 1 に対してはすべての a
について $1 \cdot a = a$ （乗法の単位元の存在） (1.7)

(8) すべての $a(\neq 0)$ について，$a \cdot a^{-1} = 1$
となるような a^{-1} が存在する　　　　　（乗法の逆元の存在）　(1.8)

(9) $a \cdot (b+c) = a \cdot b + a \cdot c$　　　　　　　　　　　　　（分配律）　(1.9)

なお，加法の単位元は通常"零元"と呼ばれる．また加法の逆元 a^+ は "$-a$" のことで，乗法の逆元 a^{-1} は "$1/a$" のことである．以上の (1)-(9) の事実を，敢えて数学的に難しく捉えてみる．集合 $\mathbb{R}$ に 2 つの写像 $+$ と $\cdot$

$$+: \mathbb{R} \times \mathbb{R} \to \mathbb{R} \qquad , \qquad \cdot: \mathbb{R} \times \mathbb{R} \to \mathbb{R}$$
$$\cup \qquad \cup \qquad\qquad \cup \qquad \cup$$
$$(a,b) \mapsto +(a,b) \qquad (a,b) \mapsto \cdot(a,b)$$

を定義する．いずれも 2 つの $\mathbb{R}$ の元（げん）の組 (a,b) を $\mathbb{R}$ のある元に対応させるものである．この写像がたまたま条件 (1) から条件 (9) を満たすとき，写像 $+$ を加法，写像 $\cdot$ を乗法と呼ぶことにし，元 $+(a,b)$ を $a+b$，元 $\cdot(a,b)$ を $a \cdot b$ と表記することにする．また日常の計算では $\cdot$ を省略し，$a \cdot b$ を ab と表している．加法について詳述すると，(a,b) の像 $+(a,b)$ と (b,a) の像 $+(b,a)$ は独立に定められるが，(1) の主張は $+(a,b)$ と $+(b,a)$ は常に等しいという規則が要請されていることを意味する．写像 $+$ は 2 つの元 a,b に対して 1 つの元 $a+b = (+(a,b))$ を対応させるものであり，3 つの元 a,b,c に対して $a+b+c$ を考えることは許されていない．しかし $(a+b)+c$ は先に $a+b$ を求めてから，次に 2 つの元 $a+b$ と c との加法を行うもので，この操作は許されている．同様に $a+(b+c)$ も求めることができるが，このように分けて考えると $(a+b)+c$ と $a+(b+c)$ が等しいかどうかはわからない．そこで (2) の規則により，この両者が相等しいことを要請するのである．この (2) が成立すれば，その結果を $a+b+c$ と表すことにより，3 つの元 a,b,c に対する加法が計算されると考える．以上のように考えると，この (1)-(9) の要請は我々が素朴に理解している加減乗除を規定するもので，数学では (1)-(9) の規則を満たす加法と乗法の定義された集合を体（たい，**field**）と呼んでいる．

次に $x^2 = -1$ を満たす"概念上"の数の単位を導入して虚数単位 (imaginary unit) と呼び，i または $\sqrt{-1}$ と表し，またこの虚数単位で表される数を虚数 (**imaginary number**) と呼ぶ．虚数単位を用いて，次の集合

1.1 複素数

$$\mathbb{C} := \{\, z \mid z = a \tilde{+} bi,\ a, b \in \mathbb{R} \,\}$$

を与える．ここで $\mathbb{C}$ の 2 つの元 $z_1 = a_1 \tilde{+} b_1 i$ と $z_2 = a_2 \tilde{+} b_2 i$ について，$z_1 = z_2$ とは「$a_1 = a_2$ かつ $b_1 = b_2$」と決めておく．また記号 $\tilde{+}$ は今の段階では加法という意味ではなく，2 つの実数からなる組 (a, b) の別な表現法くらいの意味で用いている．ここで実数 $\mathbb{R}$ の四則を利用し，<u>次のように $\mathbb{C}$ に加法と乗法を導入する</u>：$z_1 = a_1 \tilde{+} b_1 i, z_2 = a_2 \tilde{+} b_2 i$ に対して，

$\mathbb{C}$ の加法; $\quad z_1 + z_2 := (a_1 + a_2) \tilde{+} (b_1 + b_2) i \quad$ (1.10)

$\mathbb{C}$ の乗法; $\quad z_1 \cdot z_2 := (a_1 a_2 - b_1 b_2) \tilde{+} (a_1 b_2 + a_2 b_1) i. \quad$ (1.11)

この (1.10) について詳述すると，

$$z_1 + z_2 \;:=\; \underset{\underset{\text{ここで定義する}\mathbb{C}\text{の加法}}{\uparrow}}{(a_1 + a_2)} \;\underset{\underset{\mathbb{R}\text{の加法}}{\uparrow}}{\tilde{+}}\; \underset{\underset{\mathbb{R}\text{の加法}}{\uparrow}}{(b_1 + b_2)}\, i$$

という意味であり，(1.11) で定義される乗法についても同様の意味である．ここで $\mathbb{R}$ の加法が (1.1) を満たすことから，

$$z_1 + z_2 = (a_1 + a_2) \tilde{+} (b_1 + b_2) i = (a_2 + a_1) \tilde{+} (b_2 + b_1) i = z_2 + z_1$$

であり，新たに導入した $\mathbb{C}$ の加法も上の条件 (1) の可換律を満たすことがわかる．さらに $\mathbf{0} = 0 \tilde{+} 0i, \mathbf{1} = 1 \tilde{+} 0i$ とすると，$\mathbf{0}$ は零元で $\mathbf{1}$ は乗法の単位元となり，$\mathbb{C}$ の加法と乗法は条件 (1) から条件 (9) を満たすことがわかり，集合 $\mathbb{C}$ は体となることがわかる．この $\mathbb{C}$ の元を複素数 (**complex number**) と呼び，"体の性質"を満たしているので $\mathbb{C}$ を複素数体という．

演習問題 1.1 (1.10), (1.11) によって導入した加法と乗法によって $\mathbb{C}$ が体となることを，条件 (1) から条件 (9) を確認することにより示せ．

$r \in \mathbb{R}$ は $r \tilde{+} 0i$ を考えることにより $\mathbb{C}$ の元と見なすことができ，この見方に従うと集合 $\mathbb{R}$ は集合 $\mathbb{C}$ の部分集合 ($\mathbb{R} \subset \mathbb{C}$) と考えることができる．この考え方を逆に用い，$\mathbf{0} = 0 + 0i$ と $\mathbf{1} = 1 + 0i$ を単に $0, 1$ と表すことにする．ところで記号 $\tilde{+}$ を複素数体 $\mathbb{C}$ の加法 $+$ と"誤解"し，bi を b と i との積と

"誤解"して形式的な（実数のルールによる）計算を行うと

$$(a_1 + b_1 i) \cdot (a_2 + b_2 i) = a_1 a_2 + b_1 b_2 i^2 + a_1 b_2 i + a_2 b_1 i$$
$$= (a_1 a_2 - b_1 b_2) + (a_1 b_2 + a_2 b_1)i$$

となり，積の定義 (1.11) と同じ形が得られる．つまり記号 $\tilde{+}$ はもともとは a と bi を結びつけるだけの記号であったが，この記号を $\mathbb{C}$ の加法 $+$ と考え，bi を b と i の積と考えても計算上の支障がないことがわかる．そこで今後は $\tilde{+}$ の記号は用いず，$\mathbb{C}$ の元は $a + bi$ $(a, b \in \mathbb{R})$ と表すことにする．また $a \tilde{+} (-b)i$ は $a - bi$ と表す．なお乗法を表す記号・は，誤解のない限りは，省略するものとする．

演習問題 1.2 $M_2(\mathbb{R})$ を $\mathbb{R}$ を成分とする 2 次正方行列の全体とし，この集合に通常の行列の加法 $A + B$ と乗法 AB を導入する．このとき，$M_2(\mathbb{R})$ は体にはならないことを確認せよ．

複素数 $z = a + bi$ $(a, b \in \mathbb{R})$ について，a を**実部 (real part)**，b を**虚部 (imaginary part)** と呼び，それぞれ $\mathrm{Re}(z), \mathrm{Im}(z)$ と表すことにする．この記号を用いると $\mathrm{Re}(a + bi) = a, \mathrm{Im}(a + bi) = b$ であり，$z \in \mathbb{C}$ は $z = \mathrm{Re}(z) + i\,\mathrm{Im}(z)$ である．特に断らない限り，複素数を $z = a + bi$ と書くとき，a と b は共に実数であることとしておく．このとき，$z = a + bi$ に対して $a - bi$ で与えられる複素数を $\bar{z}$ と表し，z の**共役 (conjugate)** 複素数と呼ぶ．すなわち

$$z = a + bi \quad \text{に対して} \quad \bar{z} := a - bi$$

である．また複素数 z が実数である（すなわち虚部が 0 である）ための必要十分条件は，$z = \bar{z}$ が成立することであることも注意しておく．

命題 1.1 $z_1, z_2 \in \mathbb{C}$ とするとき，$\overline{z_1 + z_2} = \overline{z_1} + \overline{z_2}, \overline{z_1 z_2} = \overline{z_1} \cdot \overline{z_2}$ である．

命題 1.2 n を自然数とし $z \in \mathbb{C}$ とするとき，$\overline{z^n} = (\bar{z})^n$ である．

1.1 複素数

演習問題 1.3 命題 1.1 および 1.2 の証明を与えよ．

> **定理 1.1** 実数を係数とする n 次多項式 $P_n(z) = a_n z^n + a_{n-1} z^{n-1} + \cdots + a_1 z + a_0$ に対し，$w \in \mathbb{C}$ が $P_n(z)$ の根[1]であれば，その共役複素数 $\overline{w}$ も $P_n(z)$ の根である．

証明 仮定より $P_n(w) = a_n w^n + a_{n-1} w^{n-1} + \cdots + a_1 w + a_0 = 0$. 従って

$$\overline{P_n(w)} = \overline{a_n w^n + a_{n-1} w^{n-1} + \cdots + a_1 w + a_0} = \overline{0}$$

となるが，$\overline{a_k} = a_k \ (0 \leq k \leq n)$ および $\overline{0} = 0$ であることと，命題 1.1 および命題 1.2 により

$$P_n(\overline{w}) = a_n (\overline{w})^n + a_{n-1} (\overline{w})^{n-1} + \cdots + a_1 \overline{w} + a_0 = 0.$$

従って，$\overline{w}$ は $P_n(\overline{w}) = 0$ を満たし，$P_n(z)$ の根となる．□

この定理 1.1 では，n 次多項式 $P_n(z)$ の根の存在は仮定したが，実は多項式の根については次の重要な定理が知られている．

> **定理 1.2** （代数学の基本定理，**Gauss**[2]） $b_0, b_1, \ldots, b_n (b_n \neq 0)$ を複素数とするとき，n 次の多項式 $Q_n(z) = b_n z^n + b_{n-1} z^{n-1} + \cdots + b_1 z + b_0$ は複素数の中に（重複度も含めて）n 個の根をもつ．

この定理は係数が実数の場合も含んでいるので，定理 1.1 で存在が仮定された根 w は，この代数学の基本定理によりその存在が保証される．この定理の証明は本書の後の章で与えることにする．

演習問題 1.4 実数を係数とする n 次多項式は，実数の範囲では，1 次式と 2 次式の積の形に因数分解できることを示せ．

---

[1] 多項式 $P_n(z)$ の値を 0 にするような z のことを，この多項式の根（こん，**root**）と呼ぶ．
[2] ガウス，Carl Friedrich Gauss (1777–1855).

1.2 複素平面

複素数 $z = a + bi$ $(a, b \in \mathbb{R})$ は実部 a と虚部 b の 2 つの実数からなっており，$z = a + bi \in \mathbb{C}$ と座標平面上の点 (a, b) との間には 1 対 1 の対応関係がある．この対応関係を利用すると，座標平面（2 次元 Euclid 空間）$\mathbb{R}^2$ の各点を複素数と同一視することができる．このように複素数全体の集合 $\mathbb{C}$ を座標平面と見なして得られる平面を**複素平面**あるいは**複素数平面 (complex number plane)** と呼ぶ．$z = a + bi$ を点 (a, b) と同一視するので，この座標平面では横軸が実部を表し，縦軸が虚部を表しているため，横軸を**実軸 (real axis)**，縦軸を**虚軸 (imaginary axis)** と呼ぶ．前節でも $\mathbb{R} \subset \mathbb{C}$ の関係について説明したが，複素平面では実数は実軸上の点となっている．別の言い方をすれば，実数の数直線は複素平面上の実軸に相当している．

z を 0 と異なる複素平面上の点とするとき，原点 O と z を結ぶ線分 Oz と実軸の正方向とのなす角 θ を z の**偏角 (argument)** といい，$\arg(z)$ と表す．$z = 0$ に対する偏角 $\arg(z)$ は定義されないことに注意する．また線分 Oz の長さを z の**大きさ**または**絶対値**（**modulus** または **absolute value**）といい，$|z|$ と表す．この偏角は特に制限されていない場合は一般角で測られるため，例えば複素数 $1 + i$ に対しては $\arg(1+i) = \frac{\pi}{4}$ と考えても $\arg(1+i) = \frac{9\pi}{4}$ と考えてもよい．すなわち $\arg z = \theta$ のとき，$\arg z = \theta + 2n\pi$（n は整数）

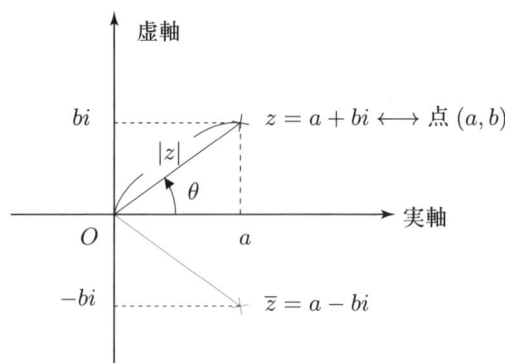

図 1.1 複素平面.

でもあることに注意する．また $z = a + bi$ については

$$|z| = \sqrt{a^2 + b^2} \tag{1.12}$$

である．

複素数 z の大きさ $|z|$ と偏角 θ が与えられたとき，図 1.1 からもわかる通り，$\mathrm{Re}\,(z) = |z|\cos\theta$, $\mathrm{Im}\,(z) = |z|\sin\theta$ であり，

$$z = |z|(\cos\theta + i\sin\theta) \tag{1.13}$$

が成立する．ここで

$$|\cos\theta + i\sin\theta| = 1$$

であることに注意しておく．$z = a + bi$ の共役複素数 $\overline{z} = a - bi$ は複素平面上では実軸に関して z と対称な位置にあり，

$$|\overline{z}| = |z|, \qquad \arg(\overline{z}) = -\arg(z)$$

が成立する．この複素数の大きさと偏角は，複素数の乗除計算において次のような重要な性質をもっている．

命題 1.3 $z_1, z_2 \in \mathbb{C}$ とする．
(1) $|z_1 z_2| = |z_1||z_2|$, $\arg(z_1 z_2) = \arg(z_1) + \arg(z_2)$.[3]
(2) $z_1 \neq 0$ のとき $\left|\dfrac{z_2}{z_1}\right| = \dfrac{|z_2|}{|z_1|}$, $\arg\left(\dfrac{z_2}{z_1}\right) = \arg(z_2) - \arg(z_1)$.[3]
特に $\left|\dfrac{1}{z_1}\right| = \dfrac{1}{|z_1|}$, $\arg\left(\dfrac{1}{z_1}\right) = -\arg(z_1)$.[3]

証明 (1) のみ，計算により示しておく．z_1, z_2 の偏角をそれぞれ θ_1, θ_2 とすると，(1.13) により $z_1 = |z_1|(\cos\theta_1 + i\sin\theta_1), z_2 = |z_2|(\cos\theta_2 + i\sin\theta_2)$ である．従って三角関数の加法定理を用いて計算すると，

$$\begin{aligned} z_1 z_2 &= |z_1||z_2|(\cos\theta_1 + i\sin\theta_1)(\cos\theta_2 + i\sin\theta_2) \\ &= |z_1||z_2|(\cos(\theta_1 + \theta_2) + i\sin(\theta_1 + \theta_2)). \end{aligned}$$

---

[3]偏角は一般角によって測るため，これらの式を利用して積や商の偏角を求める場合には注意が必要である．

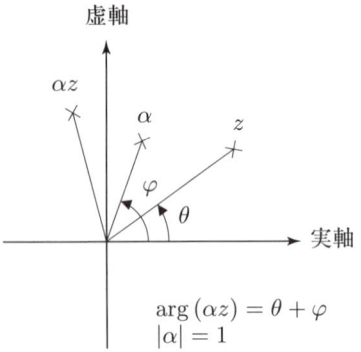

図 1.2 複素数の掛け算と複素平面上での回転．

故に $|z_1 z_2| = |z_1||z_2|$ であり，$\arg(z_1 z_2) = \arg(z_1) + \arg(z_2)$ である．□

$\alpha, z \in \mathbb{C}$ に対して $|\alpha| = 1$ のとき，$\arg(\alpha z) = \arg(z) + \arg(\alpha), |\alpha z| = |z|$ であるので，複素数 αz は複素数 z を $\arg(\alpha)$ だけ原点のまわりに回転したものである．つまり，大きさが 1 の複素数の掛け算は，複素平面上の回転に対応している．複素平面の単位円上の点 α の偏角を φ とし，$z = a + bi$ と点 (a, b) との同一視を利用すると

$$\alpha z \text{ の計算} \quad \longleftrightarrow \quad \begin{pmatrix} \cos\varphi & -\sin\varphi \\ \sin\varphi & \cos\varphi \end{pmatrix} \begin{pmatrix} a \\ b \end{pmatrix} \text{ の計算}$$

であることがわかる．特に i を掛けることは，複素平面上では $\frac{\pi}{2}$ の回転に相当している．

後の章で述べる複素数を変数とする関数の知識を先取りすると，複素関数の中では三角関数と指数関数は親密な関係にあり，$\theta \in \mathbb{R}$ のとき

$$e^{i\theta} = \cos\theta + i\sin\theta \qquad (\text{Euler}^{4)}\text{の関係}) \tag{1.14}$$

が成立することが知られている．ここでは深入りせず，この Euler の関係 (1.14) の利用だけを考えると，(1.13) は

$$z = |z|e^{i\theta} \tag{1.15}$$

---

[4] オイラー，Leonhard Euler (1707–1783).

と簡単に表されることになる．このような複素数の表し方を，複素数の極表示（または極形式）という．極表示に対しては，$|re^{i\theta}| = r, |e^{i\theta}| = 1$ であり，命題 1.3 は次のように表される：$z_1 = r_1 e^{i\theta_1}, z_2 = r_2 e^{i\theta_2}$ のとき，

$$z_1 z_2 = r_1 r_2 e^{i(\theta_1 + \theta_2)}, \quad \frac{z_2}{z_1} = \frac{r_2}{r_1} e^{i(\theta_2 - \theta_1)} \quad (z_1 \neq 0).$$

命題 1.4 (de Moivre の公式[5]) n を整数とするとき，$(\cos\theta + i\sin\theta)^n = \cos n\theta + i\sin n\theta$ である．

極表示を利用すると，de Moivre の公式は $(e^{i\theta})^n = e^{in\theta}$ と表され，これまでに知っていた実数での指数関数に対する指数法則の類似とも見ることができる．

演習問題 1.5 命題 1.3(2) および命題 1.4 の証明を与えよ．

演習問題 1.6 $z_1, z_2 \in \mathbb{C}$ に対して $|z_1 + z_2| \leq |z_1| + |z_2|$ を示せ[6]．

演習問題 1.7 $z \in \mathbb{C}$ に対して，$|z| = (z\overline{z})^{\frac{1}{2}}, \dfrac{1}{z} = \dfrac{\overline{z}}{|z|^2}$ $(z \neq 0)$ を確認せよ．

演習問題 1.8 de Moivre の公式を利用し，三角関数の 3 倍角公式

$$\sin 3\theta = 3\sin\theta - 4\sin^3\theta, \quad \cos 3\theta = 4\cos^3\theta - 3\cos\theta$$

を導出せよ．

演習問題 1.9 n 次の代数方程式 $z^n = 1$ の根は，代数学の基本定理により，n 個存在する．この n 個の根は $\cos\dfrac{2\pi k}{n} + i\sin\dfrac{2\pi k}{n}$ $(0 \leq k \leq n-1)$ で与えられることを確認せよ．

1.3 複素平面上の集合の性質

複素関数の理論を理解するためには，開集合やコンパクト集合といった $\mathbb{C}$ の位相 (topology) に関する幾つかの概念が必要となる．多変数の微積分の学習で身につける知識と重複するが，復習も兼ねて幾つかの事項についての

---

[5] ド・モアブル，Abraham de Moivre (1667–1754).
[6] 不等式 $|z_1 + z_2| \leq |z_1| + |z_2|$ は三角不等式と呼ばれる．

確認をしておこう.

複素数からなる数列 $\{z_n\}_{n=1}^{\infty} \subset \mathbb{C}$ は複素平面上では点列であり，$\mathbb{C}$ においては数列と点列は同義語として用いることにする. 2 つの複素数 z, w について，$|z - w|$ はこの 2 つの複素数の差の大きさであるが，これは複素平面上では点 z と点 w の 2 点間の距離になっている. このため複素数列 $\{z_n\}_{n=1}^{\infty}$ がある複素数 w に収束することは複素平面上で点列 $\{z_n\}_{n=1}^{\infty}$ が点 w に近づくことと同値であり，

$$\lim_{n \to +\infty} z_n = w \iff \lim_{n \to +\infty} |z_n - w| = 0$$

と定義する. ε-N 流の表し方をすれば

$$\lim_{n \to +\infty} z_n = w \iff {}^{\forall}\varepsilon > 0, {}^{\exists}N \in \mathbb{Z}^+ \text{ s.t. } n \geq N \implies |z_n - w| < \varepsilon$$

という表現になる. 確認のために補足しておくと，$\mathbb{Z}^+$ は非負整数の集合であり，"s.t." は such that という意味で，$\implies$ は "ならば" を表している. つまり任意 ($\forall$) の正数 ε に対して「$n \geq N$ ならば $|z_n - w| < \varepsilon$」という命題が成立するような (such that) 非負整数 N が存在 ($\exists$) する，ことを表している.

> **定義 1.1** 数列 $\{z_n\}_{n=1}^{\infty}$ が **Cauchy** 列であるとは，$p, q \to +\infty$ のとき $|z_p - z_q| \to 0$ が成立することである. 正確に述べると次のように表される：
>
> $${}^{\forall}\varepsilon > 0, {}^{\exists}N \in \mathbb{Z}^+ \text{ s.t. } p, q \geq N \implies |z_p - z_q| < \varepsilon.$$

微積分で習うように，実数列 $\{a_n\}_{n=1}^{\infty}$ が Cauchy 列であるとき，ある実数 α が唯 1 つ決まって $a_n \to \alpha$ が成立する. このように「Cauchy 列には必ず極限が存在する」という性質を完備 (**complete**) 性という. $\mathbb{C}$ については，次のことがわかる.

> **定理 1.3** ($\mathbb{C}$ の完備性) 任意の Cauchy 列 $\{z_n\}_{n=1}^{\infty} \subset \mathbb{C}$ について，この数列が収束していく複素数が存在する.

証明の概略を述べておこう. 複素数を実部と虚部に分けて考えると，$z_n = a_n + b_n i$ $(n = 1, 2, \ldots)$ について，$|a_p - a_q| \leq |z_p - z_q|, |b_p - b_q| \leq |z_p - z_q|$

なので，$\{z_n\}$ が Cauchy 列になっていれば 2 つの実数列 $\{a_n\}, \{b_n\}$ も共に（$\mathbb{R}$ の）Cauchy 列である．逆に $|z_p - z_q| \leq |a_p - a_q| + |b_p - b_q|$ より，実部 $\{a_n\}$ と虚部 $\{b_n\}$ が共に Cauchy 列のとき，$z_n = a_n + ib_n$ $(n = 1, 2, \ldots)$ で与えられる複素数列は（$\mathbb{C}$ の）Cauchy 列になっている．従って $\mathbb{R}$ の完備性から $\mathbb{C}$ の完備性が導かれる．

次に位相的性質の根幹をなす**開集合** (**open set**) を導入する．まず r を正数とし $z_0 \in \mathbb{C}$ とするとき，$B_r(z_0) := \{\, z \in \mathbb{C} \mid |z - z_0| < r \,\}$ を「点 z_0 を中心とする半径 r の開球 (open ball)」という．これを用いると開集合の定義は

$$\mathbb{C} \text{ の部分集合 } A \text{ が開集合} \iff {}^\forall z_0 \in A, {}^\exists r > 0 \text{ s.t. } B_r(z_0) \subset A \quad (1.16)$$

となる．つまり集合 A が開集合であるとは，A の各点 z_0 毎に半径 r をうまくとると開球 $B_r(z_0)$ は A にすっぽり含まれることである．開球自体も開集合であり，また元をもたない空集合 $\emptyset$ は開集合であると決めておく．**閉集合** (**closed set**) は補集合 (complementary set) を用いて定義され，

$$\mathbb{C} \text{ の部分集合 } A \text{ が閉集合} \iff A \text{ の補集合 } A^c \text{ が開集合} \quad (1.17)$$

である．補集合 $A^c = \{\, z \in \mathbb{C} \mid z \notin A \,\}$ であることを確認しておこう．以上の定義に従うと，$\mathbb{C}$ 全体と空集合 $\emptyset$ は共に開集合であり，また閉集合にもなっている．

> **命題 1.5** (1) $\{O_\lambda\}_{\lambda \in \Lambda}$[7] を $\mathbb{C}$ の開集合の族とするとき，その合併集合 $\bigcup_{\lambda \in \Lambda} O_\lambda$ も開集合である．
> (2) $\{O_k\}_{k=1}^n$ を $\mathbb{C}$ の（有限個の）開集合の族とするとき，その共通部分 $\bigcap_{k=1}^n O_k$ も開集合である．

証明 (1) $z_0 \in \bigcup_{\lambda \in \Lambda} O_\lambda$ とすると，z_0 はある O_{λ_0} に含まれていることになる．O_{λ_0} は開集合であり，(1.16) から，ある正数 r をうまくとると

---

[7] "$\lambda \in \Lambda$" は一般的な添字集合 Λ の中を λ は動くことを意味している．$\Lambda = \mathbb{Z}^+$ のとき，$\{O_\lambda\}_{\lambda \in \mathbb{Z}^+}$ と表すことと $\{O_k\}_{k=0}^\infty$ と表すことは同じ意味である．ここでは特に制限をつけずに Λ と書いているのは可算無限個よりも Λ の濃度が大きい場合も含め，より一般的な添字集合を意味している．

$B_r(z_0) \subset O_{\lambda_0}$ となり, $B_r(z_0) \subset \bigcup_{\lambda \in \Lambda} O_\lambda$ が従う.

(2) $z_0 \in \bigcap_{k=1}^n O_k$ とすると, $z_0 \in O_k$ ($k=1,2,\ldots,n$) である. 各 O_k は開集合であり, (1.16) から, ある正数 r_k をうまくとると $B_{r_k}(z_0) \subset O_k$ となる. ここで r を $r_1, r_2, \ldots, r_n$ の最小値とすると $B_r(z_0) \subset B_{r_k}(z_0) \subset O_k$ ($k=1,2,\ldots,n$) が成立し, $B_r(z_0) \subset \bigcap_{k=1}^n O_k$ が従う. □

> **命題 1.6** D を $\mathbb{C}$ の空でない部分集合とする. このとき次の2つの命題
> 　　P: 集合 D は閉集合である
> 　　Q: $\{z_n\}_{n=1}^\infty$ は D に含まれる点列が $w \in \mathbb{C}$ に収束しているならば
> 　　　　$w \in D$ である
> は互いに同値である.

証明 $P \Rightarrow Q$ と $Q \Rightarrow P$ を共に背理法により証明する.
(1) $P \Rightarrow Q$; Q を否定し, D のある点列とある複素数 $\tilde{w}$ について $\{\tilde{z}_n\} \subset D$ が $\tilde{z}_n \to \tilde{w}$ かつ $\tilde{w} \notin D$ であるとする. D は閉集合であるので D^c は開集合であり, 今は $\tilde{w} \in D^c$ であるので, ある正数 r について $B_r(\tilde{w}) \subset D^c$ となる. このとき $|\tilde{z}_n - \tilde{w}| \geq r$ となり, $\tilde{z}_n \to \tilde{w}$ に反して矛盾となる.
(2) $Q \Rightarrow P$; 集合 D が閉集合でないとすると, D^c は開集合ではなく, ある $w \in D^c$ についてはどんなに小さな正数 r を選んでも $B_r(w)$ は D^c にすっぽり含まれることはない. 従って $r = \frac{1}{n}$ ($n=1,2,\cdots$) の場合を考えると, $B_{\frac{1}{n}}(w) \cap D \neq \emptyset$ となるので, z_n を $z_n \in B_{\frac{1}{n}}(w) \cap D$ ($n=1,2,\ldots$) となるようにとって点列 $\{z_n\}$ を作る. 作り方から $z_n \to w$ であるが Q より $w \in D$ となり矛盾となる. □

開集合や閉集合のほかに, 次のような用語がよく用いられる.

> **定義 1.2** A を $\mathbb{C}$ の部分集合とする.
> (1) $z_0 \in A$ が A の内点であるとは, ある正数 r が存在して $B_r(z_0) \subset A$ となることである.
> (2) A を含む最小の閉集合を A の閉包 (closure) といい, $\overline{A}$ と表す.

(3) A に含まれる内点の全体を A の開核 (open kernel) といい, $\mathring{A}$ と表す.
(4) $\overline{A}$ から $\mathring{A}$ を差し引いた点の全体（すなわち差集合 $\overline{A} \setminus \mathring{A}$）を A の境界といい, ∂A と表す.

この定義に従うと,「集合 A が（空集合ではない）開集合であることは A の各点が内点である」とも言え, 従って（空集合ではない）集合 A が開集合であることと $A = \mathring{A}$ は同値であることもわかる.

演習問題 1.10 $\{z_n\}_{n=1}^{\infty}$ を $\mathbb{C}$ の点列とする.
(1) $\{z_n\}_{n=1}^{\infty}$ が収束列, すなわちある w に対して $\lim_{n \to +\infty} z_n = w$ のとき, $\{z_n\}_{n=1}^{\infty}$ は Cauchy 列であることを示せ.
(2) $\{z_n\}_{n=1}^{\infty}$ が Cauchy 列のとき, この点列は有界, すなわち「ある正数 M が存在して $|z_n| < M$ $(n = 1, 2, \dots)$」であることを示せ.

演習問題 1.11 集合 $\{\, z \in \mathbb{C} \mid |z| \leq 1 \,\}$ が開集合ではないことを, 開集合の定義 (1.16) に即して説明せよ.

演習問題 1.12 補集合に関する De Morgan [8]の法則

$$(A \cup B)^c = A^c \cap B^c, \quad (A \cap B)^c = A^c \cup B^c$$

を利用し, 命題 1.5 から次の (1), (2) を示せ.
(1) $\{F_\lambda\}_{\lambda \in \Lambda}$ を $\mathbb{C}$ の閉集合の族とするとき, $\bigcap_{\lambda \in \Lambda} F_\lambda$ は閉集合である.
(2) $\{F_k\}_{k=1}^{n}$ を $\mathbb{C}$ の (有限個の) 閉集合の族とするとき, $\bigcup_{k=1}^{n} F_k$ は閉集合である.

次にコンパクト性について説明する. 実数列の場合は微積分でも学んでいるが, $\{z_{m_p}\}_{p=1}^{\infty}$ が $\{z_n\}_{n=1}^{\infty}$ の部分列であるとは, 正の整数の列 $\{m_p\}_{p=1}^{\infty}$ は単調増大列であって

$$\{z_{m_1}, z_{m_2}, \dots, z_{m_p}, \dots\} \subset \{z_1, z_2, \dots, z_n, \dots\}$$

が成立することをいう. また, $w \in \mathbb{C}$ が点列 $\{z_n\}_{n=1}^{\infty}$ の集積点であるとは, $\{z_n\}_{n=1}^{\infty}$ の部分列で w に収束するものが存在することをいう. 1 変数の微

---

[8] ド・モルガン, Augustus De Morgan (1806–1871).

積分では「有界な実数列は収束する部分列を含む」という形で Bolzano[9]-Weierstrass[10] の定理を学ぶ場合が多い．ここでは点列コンパクトという用語を準備してこの定理を表すことにする．

定義 1.3（点列コンパクト） $\mathbb{C}$ の部分集合 D が点列コンパクトであるとは，D の元から作られる任意の点列が D に含まれる集積点をもつことである．

定理 1.4 (**Bolzano-Weierstrass の定理**) D が $\mathbb{C}$ の有界[11]な閉集合であるとき，D は点列コンパクトである．

$\mathbb{C}$ の部分集合 D に対して開集合の族 $\{O_\lambda\}_{\lambda \in \Lambda}$ が

$$\bigcup_{\lambda \in \Lambda} O_\lambda \supset D$$

を満たすとき，$\{O_\lambda\}_{\lambda \in \Lambda}$ を D の**開被覆**という．開集合の族 $\{O_\lambda\}_{\lambda \in \Lambda}$ の合併集合が集合 D を覆うという意味である．この開被覆を用いてコンパクト性は次のように定義される．

定義 1.4（コンパクト） $\mathbb{C}$ の部分集合 D がコンパクトであるとは，D の任意の開被覆 $\{O_\lambda\}_{\lambda \in \Lambda}$ について，この中から有限個の開集合 $\{O_1, \ldots, O_n\}$ をうまくとると

$$D \subset \bigcup_{k=1}^{n} O_k$$

が成立することである．

---

[9] ボルツァーノ，Bernard Bolzano (1781–1848).
[10] ワイエルシュトラス，Karl Weierstrass (1815–1897).
[11] $\mathbb{C}$ の部分集合 D が有界であるとは，ある正数 M に対して $D \subset B_M(0)$ が成立することである．別の言い方をすると，ある正数 M が存在し，全ての $z \in D$ に対して $|z| < M$ が成立することである．

> **定理 1.5** (Heine[12]-Borel[13]-Lebesgue[14]の定理) $\mathbb{C}$ の部分集合 D が有界[11]な閉集合であることと，この集合 D がコンパクト集合であることは同値である．

この"コンパクト性"と"点列コンパクト性"は一般の位相空間 (topological space) では異なる概念であるが，複素平面においてはこの両者は同一である．コンパクト集合は閉集合であるので，集合 A の閉包がコンパクト集合となる（すなわち閉包 $\overline{A}$ がコンパクトとなる）場合も考えられるが，この場合は A を相対コンパクト集合という．

演習問題 1.13　$\mathbb{C}$ の部分集合 D が点列コンパクトのとき D は有界閉集合であることを示せ．（ヒント：有界性は背理法によって示し，閉集合であることは命題 1.6 を利用する．）

演習問題 1.14　$\mathbb{C}$ の部分集合 D がコンパクトのとき D は有界閉集合であることを，閉集合の定義 (1.17) に即して示せ．

最後に連結性について述べておく．少しまわりくどい言い方になるが，$\mathbb{C}$ の開集合 U が "連結 (connected) でない" とは，空集合ではなくお互いに共通部分をもたない 2 つの開集合 O_1, O_2 によって $U = O_1 \cup O_2$ となることである：

$$\text{開集合 } U \text{ が連結でない} \iff \begin{cases} \text{空集合でない開集合 } O_1, O_2 \text{ が存在し}, \\ O_1 \cap O_2 = \emptyset \text{ かつ } O_1 \cup O_2 = U \text{ である}. \end{cases}$$

解析学では<u>連結な開集合を領域</u>(**domain**) と呼んでいる．連結性については，次の定理が重要である．

> **定理 1.6**　$\mathbb{C}$ の部分集合 D が領域（すなわち連結開集合）のとき，D 内の相異なる任意の 2 点を結ぶ D 内の折れ線が存在する．逆に $\mathbb{C}$ の開集合 D 内の任意の 2 点を結ぶ D 内の折れ線が存在するとき，D は連結である．

---

[12] ハイネ，Heinrich Eduard Heine (1821–1881).
[13] ボレル，Émile Borel (1871–1956).
[14] ルベーグ，Henri Léon Lebesgue (1875–1941).

D 内の相異なる任意の 2 点を結ぶ D 内の折れ線が存在するとき，D は弧状連結 (arcwise connected) と呼ばれる．一般の位相空間では連結と弧状連結とは異なる概念であるが，複素平面の開集合に関してはその差がないことをこの定理は保証している．連結性を理解するため，証明を与えておく．ただここでは 1 次元の開区間 (a,b) は弧状連結であるという事実を自明なこととして認めておくことにしよう．

証明　背理法によって証明する．
(1) 連結 ⇒ 弧状連結：弧状連結でないとすると，ある $a,b \in D$ については，この 2 点を結ぶ D 内の折れ線は存在しない．そこで集合 D_a を

$$D_a := \{\, z \in D \mid \text{点 } z \text{ は点 } a \text{ と } D \text{ 内の折れ線で結ぶことができる．}\,\}$$

とする．$z_0 \in D_a$ とすると $z_0 \in D$ であり，D は開集合であるので，ある正数 r がとれて $B_r(z_0) \subset D$ である．開球 $B_r(z_0)$ の各点は z_0 と直線で結ぶことができるので，$B_r(z_0)$ の各点は点 a と（D 内の）折れ線で結ばれる．すなわち $B_r(z_0) \subset D_a$ であり，D_a は開集合であることがわかる．同様の議論を D から D_a の元を除いた差集合 $D_a^c (= D \setminus D_a)$ についても行うと，D_a^c も開集合となる．$b \in D_a^c$ なので $D_a^c \neq \emptyset$ であり，

$$D_a \neq \emptyset,\ D_a^c \neq \emptyset,\ D_a \text{ と } D_a^c \text{ は共に開集合で } D_a \cup D_a^c = D$$

が成立し，D が連結であることに反して矛盾である．
(2) 弧状連結 ⇒ 連結：D が連結でないとすると，空集合ではない 2 つの開集合 O_1, O_2 が存在し，$O_1 \cup O_2 = D, O_1 \cap O_2 = \emptyset$ となる．ここで $a \in O_1, b \in O_2$ に対して，a,b を結ぶ D 内の折れ線を l とするとき，$(l \cap O_1) \cap (l \cap O_2) = \emptyset$ となり，線分が連結である事実に矛盾する．□

第2章

複素関数と正則性

複素数を変数とする複素変数関数を導入し，その連続性や微分可能性について説明する．複素変数関数が複素数値のときは複素関数と呼ばれるが，その微分可能性の議論は実関数（実数を変数とする関数）とは大きく異なり，「正則性」と呼ばれて複素関数論の根幹をなす重要なものである．本章でも複素数の全体集合と複素平面は区別せず，どちらも $\mathbb{C}$ と表す．また $z \in \mathbb{C}$ が $z = x + yi$ と表されているときは，特に断わらないときは，$x, y \in \mathbb{R}$ としておく．

2.1 複素関数

U を $\mathbb{C}$ の部分集合とするとき，写像 $f : U \to \mathbb{C}$ を集合 U 上の**複素関数** (complex function) という．このとき $z \in U$ に対して関数値 $f(z)$ は複素数であるから，その実部を $u(z)$，虚部を $v(z)$ とすると

$$f(z) = u(z) + iv(z), \qquad z \in U \tag{2.1}$$

と表すこともできる．また複素数 z を $z = x + yi$ と表すと $f(z)$ は2つの実数 x, y の関数とも考えられるので，$f(z)$ を $f(x, y)$ と考えることもでき，このとき実部と虚部をそれぞれ $u(x, y), v(x, y)$ と表すと，

$$f(x, y) = u(x, y) + iv(x, y), \qquad x + yi \in U \tag{2.2}$$

となる．この (2.1) の表示と (2.2) の表示は同じものであり，適宜都合のよい表示を用いることにする．複素関数を $f(z)$ と表すとこれまで学習した1変数関数と同じように見えるが，(2.2) からもわかるように本質的に2変数の関数であり，しかも関数値も実部と虚部の2つの成分をもっている．従って複素関数 $f(z)$ のグラフはこれまでの1変数実関数のように描けるものではなく，それを書こうとすると実は4次元の図が必要となる．

U を $\mathbb{C}$ の開集合とするとき,U 上の複素関数 $f(z)$ が $z_0 \in U$ で連続とは

$$\lim_{z \to z_0} f(z) = f(z_0) \tag{2.3}$$

が成立することである.ただし,この (2.3) の式の読み方が重要で,(1) $f(z_0)$ の値が(有限)確定しており,(2) $\lim_{z \to z_0} f(z)$ が有限確定し,(3) 等式 $\lim_{z \to z_0} f(z) = f(z_0)$ が成立するという,3 つの内容を含んでいることに注意する.この 3 つの事項を合理的に表現するのがいわゆる ε-δ 論法であり,

$$(2.3) \iff {}^\forall \varepsilon > 0, {}^\exists \delta > 0 \text{ s.t. } |z - z_0| < \delta \implies |f(z) - f(z_0)| < \varepsilon \tag{2.4}$$

となる.$z = x + yi$ と表して (2.2) のように 2 変数の関数と考えるのであれば,

$$f(z) \text{ が } z_0 = a + bi \in U \text{ で連続} \iff \begin{cases} u(x,y), v(x,y) \text{ が } x, y \text{ の 2 変数} \\ \text{関数として } (a,b) \in \mathbb{R}^2 \text{ で連続} \end{cases} \tag{2.5}$$

が成立する.(2.3) で定義される $f(z)$ の連続性は $z_0 \in U$ 毎に連続性を定めるため,各点連続と呼ばれる.ε-δ 論法にこだわれば 1.3 節で説明した ε-N 論法の場合と同様に,(2.4) では s.t. (such that) 以下が成立するような正数 δ の存在が述べられている.このとき,「$|z - z_0| < \delta$ ならば $|f(z) - f(z_0)| < \varepsilon$ が成立する」ような δ の取り方は ε にも z_0 にも依存していることに注意しなければならず,この関係を強調して明示すると $\delta = \delta(z_0, \varepsilon)$ と表すことになる.さて,この δ の取り方が z_0 に依存せず,ε だけから決まる場合を一様 (uniformly) 連続といい,数学の理論展開の上では重要な概念である.この概念を正確に述べるには再び ε-δ 論法が避けられず,その定義は次のように与えられる.

> **定義 2.1**(一様連続) D を $\mathbb{C}$ の部分集合とするとき,D 上の複素関数 $f(z)$ が(D 上で)一様連続であるとは,
>
> $${}^\forall \varepsilon > 0, {}^\exists \delta > 0 \text{ s.t. } |z - w| < \delta \text{ を満たす任意の } z, w \in D$$
> $$\text{に対して } |f(z) - f(w)| < \varepsilon$$
>
> と定める.

2.1 複素関数

この内容をさらに命題論理の記号で表すと，$f(z)$ が（D 上で）一様連続とは

$$^\forall \varepsilon > 0 \ (^\exists \delta > 0 \ (^\forall z, w \in D \ (|z - w| < \delta \Longrightarrow |f(z) - f(w)| < \varepsilon \ ))) \quad (2.6)$$

が成立することである．先ほどの (2.4) における $\delta = \delta(z_0, \varepsilon)$ と比較して説明すると，$f(z)$ が一様連続であるとは，(2.4) が成立した上で $\inf_{z_0 \in D} \delta(z_0, \varepsilon) > 0$ が成立することともいえる．一様連続性については次の定理が重要である．

> **定理 2.1** D が $\mathbb{C}$ のコンパクト集合であるとき，D 上で定義される（各点）連続な複素関数 $f(z)$ は一様連続である．

演習問題 2.1 連続性に関して，(2.5) の必要十分条件の関係を示せ．

演習問題 2.2 背理法を用いて定理 2.1 の証明を与えよ．
（ヒント：一様連続を否定することは (2.6) を否定することであり，

$$^\exists \varepsilon_0 > 0 \ (^\forall \delta > 0 \ (^\exists z, w \in D \ (|z - w| < \delta \ かつ \ |f(z) - f(w)| \geq \varepsilon_0 \ )))$$

である．ここでさらに Heine-Borel-Lebesgue の定理（定理 1.5）を用いる．）

演習問題 2.3 (2.4) で定まる $\delta = \delta(z_0, \varepsilon)$ に対して，$\inf_{z_0 \in D} \delta(z_0, \varepsilon) > 0$ を要請することと (2.6) とが同値であることを説明せよ．

次に複素関数の微分可能性について述べるが，まず 1 変数の実関数の微分可能性の復習から始めよう．高等学校でも学習するが，$x = a \in \mathbb{R}$ の近傍で定義された実関数 $\varphi(x)$ が $x = a$ で微分可能とは，有限の値 A に対して

$$\lim_{h \to 0} \frac{\varphi(a+h) - \varphi(a)}{h} = A \quad (2.7)$$

が成立することであり，この式も (2.3) の (2), (3) と同様の読み方をする．ここでも ε-δ 論法を用いて述べると

$$^\exists A \in \mathbb{R}, ^\forall \varepsilon > 0, ^\exists \delta > 0 \ \text{s.t.} \ |h| < \delta \Longrightarrow |\varphi(a+h) - \varphi(a) - Ah| < \varepsilon |h| \quad (2.8)$$

となる．ここで"無限小"を表す Landau[1] の記号 $o(h)$ を思い出すことにし

---
[1] ランダウ，Edmund Georg Herman Landau (1877–1938).

よう．これは $h \to 0$ のときに 0 に収束する量を表現するもので，$o(h)$ と書かれる量は

$$\lim_{h \to 0} \left| \frac{o(h)}{h} \right| = 0 \tag{2.9}$$

を意味している[2]．この (2.9) を ε-δ 論法で表すと，$o(h)$ とは

$${}^\forall \varepsilon > 0, {}^\exists \delta > 0 \text{ s.t. } |h| < \delta \Longrightarrow |o(h)| < \varepsilon |h|$$

を満たす量である．従って Landau の記号を用いると，ε-δ 論法の式 (2.8) は

$${}^\exists A \in \mathbb{R} \text{ s.t. } \varphi(a+h) - \varphi(a) - Ah = o(h)$$

$$\Updownarrow$$

$${}^\exists A \in \mathbb{R} \text{ s.t. } \varphi(a+h) = \varphi(a) + Ah + o(h) \tag{2.10}$$

と簡単に表される．この (2.7), (2.8) あるいは (2.10) に現れる A は点 a 毎に決まるので，(2.7) あるいは (2.10) は a から A への関数関係を与えている．そこで，この関係で定まる関数を φ の**導関数** (derived function または derivative) といい，$\varphi'(x)$ と表す．これにより (2.10) は

$$\varphi(a+h) = \varphi(a) + \varphi'(a)h + o(h) \tag{2.11}$$

と表すこともできる．また (2.11) は

$$\lim_{h \to 0} \frac{\varphi(a+h) - \varphi(a)}{h} = \varphi'(a)$$

と同じ意味であることに注意しておく．

実関数の場合と全く同様に，複素関数の微分可能性を次のように定義する．

> **定義 2.2** (複素関数の微分可能性) 　複素関数 $f(z)$ は $z_0 \in \mathbb{C}$ を含むある開集合上で定義されているとする．このとき $f(z)$ が点 z_0 で (複素) 微分可能であるとは，$f(z_0 + h) = f(z_0) + Ah + o(h)$ が成立するような複素数 A が存在することである．

---

[2] $o(h)$ に対して $O(h)$ と表される量は，ある正数 M が存在して $|O(h)| \leq Mh$ を満たす量を指す．このとき，$h \to 0$ のとき $O(h)$ を「(h と) 同位の無限小」と呼び，$o(h)$ を「(h の) 高位の無限小」と呼ぶ．$O(h)$ は $\lim_{h \to 0} O(h) = 0$ であるが，$\lim_{h \to 0} \left| \frac{O(h)}{h} \right| = 0$ を満たすとは限らない．

2.1 複素関数

この定義の内容は実関数の場合の (2.10) と同様に，

$${}^\exists A \in \mathbb{C} \text{ s.t. } f(z_0 + h) = f(z_0) + Ah + o(h) \tag{2.12}$$

と表すこともできる．

定義 2.2 によれば，$f(z)$ が $z = z_0$ で微分可能であれば各 z_0 に対応して複素数 A がとれるので，z_0 が変化する場合を考えると関数関係があることになる．実関数の場合と同様にこの関数関係で与えられる関数を $f(z)$ の導関数といい，記号では $f'(z)$ あるいは $\dfrac{d}{dz}f(z)$ 等と表す．すなわち $f(z)$ が $z = z_0$ で（複素）微分可能であれば

$$f(z_0 + h) = f(z_0) + f'(z_0)h + o(h)$$

である．また $f(z)$ が z_0 で微分可能であれば，z_0 で連続であることも直ちにわかる（→ 演習問題 2.4）．

n を正の整数とするときに，$\mathbb{C}$ で定義される複素関数 $f(z) = z^n$ の導関数を求めてみよう．第 1 章の 1.1 節で述べた通り，複素数の加減乗除は実数と全く同様に行えるので 2 項定理 (binomial theorem) が成立し，$z, h \in \mathbb{C}$ に対して

$$\begin{aligned}(z+h)^n &= \sum_{k=0}^n {}_n\mathrm{C}_k z^{n-k} h^k \\ &= z^n + nz^{n-1}h + \sum_{k=2}^n {}_n\mathrm{C}_k z^{n-k} h^k.\end{aligned}$$

従って $f(z+h) = f(z) + nz^{n-1}h + \sum_{k=2}^n {}_n\mathrm{C}_k z^{n-k}h^k$ であり，z を固定して考えると

$$\lim_{h \to 0} \left| \frac{\sum_{k=2}^n {}_n\mathrm{C}_k z^{n-k} h^k}{h} \right| = 0$$

であるから，$\sum_{k=2}^n {}_n\mathrm{C}_k z^{n-k}h^k$ は Landau 記号を用いて $o(h)$ と書くことができる．従って $f(z+h) = f(z) + nz^{n-1}h + o(h)$ が成立し，$f(z) = z^n$ は複素微分可能で，その導関数は $f'(z) = nz^{n-1}$ であることがわかる．

導関数の計算については，次の命題が有用である．

第 2 章 複素関数と正則性

> **命題 2.1** $f(z)$ と $g(z)$ はともに微分可能な複素関数とするとき，この関数の積 $f(z)g(z)$ で与えられる関数も微分可能であり，
> $$\frac{d}{dz}\bigl(f(z)g(z)\bigr) = \left(\frac{d}{dz}f(z)\right)g(z) + f(z)\left(\frac{d}{dz}g(z)\right)$$
> が成立する．

証明 命題の仮定から

$$f(z+h) = f(z) + f'(z)h + o(h)$$
$$g(z+h) = g(z) + g'(z)h + o(h)$$

が成立している．ここで $\varphi(z) := f(z)g(z)$ とすると

$$\begin{aligned}
\varphi(z+h) &= \bigl(f(z) + f'(z)h + o(h)\bigr)\bigl(g(z) + g'(z)h + o(h)\bigr) \\
&= f(z)g(z) + \bigl(f'(z)g(z) + f(z)g'(z)\bigr)h \\
&\quad + \bigl\{f'(z)g'(z)h^2 + o(h)f(z+h) + o(h)g(z+h)\bigr\}
\end{aligned}$$

となるが，

$$\lim_{h \to 0}\left|\frac{f'(z)g'(z)h^2 + o(h)f(z+h) + o(h)g(z+h)}{h}\right| = 0$$

であるから，中括弧 { } の中をまとめて，改めて $o(h)$ とあらわすことができる．すなわち

$$\varphi(z+h) = \varphi(z) + \bigl(f'(z)g(z) + f(z)g'(z)\bigr)h + o(h).$$

従って $\varphi(z) = f(z)g(z)$ は微分可能であり，命題の結論が成立する．□

> **命題 2.2** $f(z)$ は $z = z_0$ の近傍で定義された微分可能な複素関数であり，$g(w)$ は $w_0 = f(z_0)$ の近傍で定義された微分可能な複素関数とする．このとき合成関数 $g \circ f(z)$ は（z_0 の近傍で）微分可能であり
> $$\frac{d}{dz}\bigl(g \circ f(z)\bigr) = g'\bigl(f(z)\bigr)f'(z)$$
> が成立する．

> **証明** 合成関数 $g \circ f(z)$ は $g(f(z))$ と同じ意味であり，$\varphi(z) := g(f(z))$ とする．命題の仮定から

$$h_1 \to 0 \text{ のとき} \quad f(z+h_1) = f(z) + f'(z)h_1 + o_1(h_1) \tag{2.13}$$

$$h_2 \to 0 \text{ のとき} \quad g(w+h_2) = g(w) + g'(w)h_2 + o_2(h_2) \tag{2.14}$$

が成立している．ここで (2.13) を (2.14) に代入することにより，

$$\begin{aligned}\varphi(z+h) &= g(f(z+h)) \\ &= g(f(z) + f'(z)h + o_1(h)) \\ &= g(f(z)) + g'(f(z))(f'(z)h + o_1(h)) + o_2(f'(z)h + o_1(h)) \\ &= g(f(z)) + g'(f(z))f'(z)h + \{o_1(h) + o_2(f'(z)h + o_1(h))\}.\end{aligned}$$

中括弧の中は h の高位の無限小であるから，まとめて $o(h)$ と表すと

$$\varphi(z+h) = \varphi(z) + g'(f(z))f'(z)h + o(h)$$

となり，合成関数 $\varphi(z) = g(f(z))$ は微分可能であることがわかり，命題の結論が成立する．□

複素関数論では微分可能な関数を正則 (**holomorphic**) 関数と呼ぶが，その定義を正確に述べると以下のようになる．

> **定義 2.3** (正則関数) (1) $f(z)$ は $z = z_0$ の近傍で定義された複素関数とする．$f(z)$ が z_0 を含むある開集合の各点で（複素）微分可能なとき，$f(z)$ は点 $z = z_0$ で正則であるという．
> (2) U を $\mathbb{C}$ の開集合とし，U 上で定義された複素関数 $f(z)$ が U の各点で微分可能なとき，$f(z)$ は開集合 U 上で正則であるという．

細かなことになるが，<u>1 点 $z = z_0$ で微分可能であることと，1 点 $z = z_0$ で正則であることは異なる概念</u> である．開集合では全ての点が内点であるため，微分可能性と正則性とが一致している．$\mathbb{C}$ の部分集合 D が，たとえば閉集合など，開集合でない場合に「複素関数 $f(z)$ が D 上で正則」という場合は，$f(z)$ は D を含むある開集合上で定義されており，その前提で D の各

点で正則であるということを意味している．

演習問題 2.4 複素関数 $f(z)$ が $z=z_0$ で微分可能であれば，この関数は $z=z_0$ で連続であることを示せ．

演習問題 2.5 2 つの複素関数 $f(z)$ と $g(z)$ はともに $z=z_0$ の近傍で定義されて微分可能とするとき，複素数 α, β に対して $\alpha f(z) \pm \beta g(z)$ も微分可能であり，$(\alpha f(z) \pm \beta g(z))' = \alpha f'(z) \pm \beta g'(z)$ （複号同順）が成立することを示せ．

演習問題 2.6 (1) $z \neq 0$ で定義された $f(z) = \dfrac{1}{z}$ は微分可能で，$f'(z) = -\dfrac{1}{z^2}$ であることを示せ．
(2) 数学的帰納法を用い，自然数 n に対して $\left(\dfrac{1}{z^n}\right)' = \dfrac{-n}{z^{n+1}}$ $(z \neq 0)$ を示せ．

演習問題 2.7 2 つの複素関数 $f(z)$ と $g(z)$ はともに微分可能で，さらに $f(z) \neq 0$ とするとき，
$$\left(\frac{g(z)}{f(z)}\right)' = \frac{g'(z)f(z) - g(z)f'(z)}{(f(z))^2}$$
を示せ．（ヒント：命題 1.1, 命題 1.2 および演習問題 2.6 (1) を用いる．）

■ 2.2 等角写像

複素平面 $\mathbb{C}$ 上の交わる 2 直線 l_1, l_2 と，この 2 直線を含む領域（＝連結な開集合）D 上で定義される正則関数 $f(z)$ を考える．複素関数 $f(z)$ は領域 D を複素平面の部分集合に写す写像（変換）と考えられるので，f によって直線 l_1 は曲線 $f(l_1)$ に写される．同様に直線 l_2 は曲線 $f(l_2)$ に写されるが，$f(z)$ が正則関数であるときは l_1 と l_2 のなす角と，$f(l_1)$ と $f(l_2)$ のなす角が相等しい．以下ではこの事実を説明するが，そのために偏角を用いた接線の特徴づけを考える．

$x(t), y(t)$ を区間 $[a,b](\subset \mathbb{R})$ 上の実数値連続関数とするとき，
$$l := \{\, z \in \mathbb{C} \mid z = x(t) + y(t)i, \quad t \in [a,b] \,\} \tag{2.15}$$

で与えられる集合 l を $\mathbb{C}$ 上の連続曲線と呼ぶ．$|\Delta t|$ が小さく t_0 と $t_0 + \Delta t$ が共に区間 (a,b) に含まれるときに l 上の 2 点 $z(t_0)$ と $z(t_0 + \Delta t)$ を考えると，$z(t_0)$ から $z(t_0 + \Delta t)$ へ向かう有向線分 $\overrightarrow{z(t_0)z(t_0+\Delta t)}$ と実軸の正の方向とのなす角は $\arg\bigl(z(t_0 + \Delta t) - z(t_0)\bigr)$ である．ここで $\Delta t \to 0$ のときに

2.2 等角写像

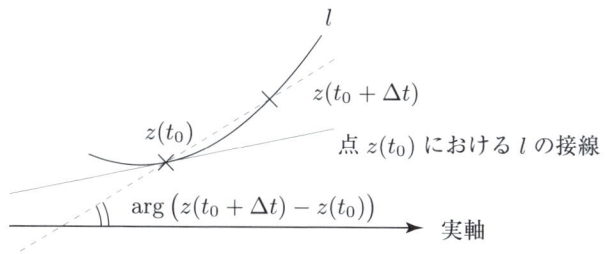

図 2.1 曲線の接線.

$$\lim_{\Delta t \to 0} \arg \left(z(t_0 + \Delta t) - z(t_0) \right) \tag{2.16}$$

の値が有限確定すれば，l は点 $z(t_0)$ で接線をもつことになる．$x(t), y(t)$ がともに $t = t_0$ で微分可能な場合を考えると，

$$\begin{aligned}
z(t_0 + \Delta t) - z(t_0) &= \{x(t_0 + \Delta t) + y(t_0 + \Delta t)i\} - \{x(t_0) + y(t_0)i\} \\
&= \{x(t_0 + \Delta t) - x(t_0)\} + \{y(t_0 + \Delta t) - y(t_0)\}i \\
&= \left(x'(t_0) + y'(t_0)i\right)\Delta t + o(\Delta t) \tag{2.17}
\end{aligned}$$

であり，$z'(t_0) = x'(t_0) + y'(t_0)i \neq 0$ のときは

$$\begin{aligned}
\lim_{\Delta t \to 0} \arg \left(z(t_0 + \Delta t) - z(t_0) \right) &= \lim_{\Delta t \to 0} \arg \left\{ \left(x'(t_0) + y'(t_0)i \right) \Delta t + o(\Delta t) \right\} \\
&= \arg \left(x'(t_0) + y'(t_0)i \right)
\end{aligned}$$

が成立して $\lim_{\Delta \to 0} \arg \left(z(t_0 + \Delta t) - z(t_0) \right)$ は有限確定する．すなわち次の命題が得られる．

> **命題 2.3** (2.15) で与えられる $\mathbb{C}$ 上の連続曲線に対し，$t_0 \in (a, b)$ において $x(t), y(t)$ が共に微分可能であって $z'(t_0) = x'(t_0) + y'(t_0)i \neq 0$ のとき，点 $z(t_0)$ において l は接線をもつ．またこの接線と実軸の正方向とのなす角は $\arg z'(t_0)$ である．さらにこの接線の方程式は，$s \in \mathbb{R}$ をパラメータとして，$z = z(t_0) + z'(t_0)s$ で与えられる．

接線を利用し，「交わる 2 曲線のなす角」の定義を次のように与えておく．

> **定義 2.4** 2つの曲線 l と l' が点 z_0 を共有し，この点において l と l' とが共に接線をもつとき，この2つの接線のなす角を l と l' の点 z_0 におけるなす角と呼ぶ．

点 z_0 で交わる2直線 l_1, l_2 は，0 でない複素数 α, β (ただし $\alpha \neq \beta$) とパラメータ t を用いて，この点の近傍 (すなわちある正数 a に対して $t \in (-a, a)$) では

$$l_1 : z = z_0 + \alpha t, \quad l_2 : z = z_0 + \beta t \qquad t \in (-a, a)$$

と表すことができる．このとき，l_1 と l_2 のなす角 θ は $\theta = \arg \beta - \arg \alpha$ である．この2直線 l_1, l_2 を正則関数 $w = f(z)$ で写すとき，$f(z) = u(z) + iv(z)$ とすると l_1 の像は

$$f(l_1) : w = f(z_0 + \alpha t) = u(z_0 + \alpha t) + iv(z_0 + \alpha t)$$

となり，確かに (2.15) に従い $\mathbb{C}$ 上の曲線となっている．これは l_2 についても同様である．l_1 上の2点 z_0 と $z_0 + \alpha \Delta t$ に対応して曲線 $f(l_1)$ 上の2点 $f(z_0)$ と $f(z_0 + \alpha \Delta t)$ をとって (2.17) と同様の計算をすると，$f(z)$ の微分可能性から

$$f(z_0 + \alpha \Delta t) - f(z_0) = \alpha f'(z_0) \Delta t + o(\Delta t)$$

となるので，$\alpha f'(z_0) \neq 0$ のときは実軸との偏角が $\arg(\alpha f'(z_0)) = \arg \alpha + \arg f'(z_0)$ である接線が点 $f(z_0)$ で存在する．l_2 についても同様で，$\beta f'(z_0) \neq 0$ のときは偏角が $\arg(\beta f'(z_0)) = \arg \beta + \arg f'(z_0)$ の接線が存在することがわかる．$\alpha \neq 0, \beta \neq 0$ を仮定しているので，$f(l_1)$ と $f(l_2)$ のなす角を l_1 と l_2 とのなす角の測り方と対応させて測ると

$$\arg(\beta f'(z_0)) - \arg(\alpha f'(z_0)) = \arg \beta - \arg \alpha$$

となり，l_1 と l_2 のなす角と $f(l_1)$ と $f(l_2)$ が (点 $f(z_0)$ で) なす角は相等しい．以上をまとめ，直感的に説明した箇所を補足して正確に述べると，次の命題を得る．

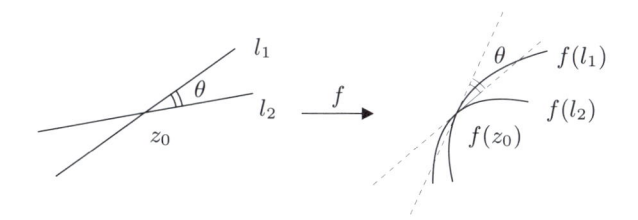

図 2.2　交わる 2 直線の f による像のなす角.

> **命題 2.4**　(局所等角性[3])　l_1, l_2 を点 z_0 で交わる 2 直線とする．また $f(z)$ は z_0 の近傍で定義された 1 対 1 対応の複素関数で，z_0 で微分可能とする．このとき $f'(z_0) \neq 0$ であれば，2 直線 l_1, l_2 のなす角と 2 曲線 $f(l_1), f(l_2)$ が点 $f(z_0)$ でなす角は，向きも含めて相等しい．

> **系 2.1**　2 つの曲線 C_1, C_2 は点 z_0 で交わり，そのなす角を $\theta (-\pi < \theta \leq \pi)$ とする．$f(z)$ は z_0 の近傍で定義された 1 対 1 対応の複素関数で，z_0 で微分可能とする．このとき $f'(z_0) \neq 0$ であれば，2 曲線 $f(C_1), f(C_2)$ の交点 $f(z_0)$ におけるなす角は θ である．

これまでは 1 点 z_0 のみで考えたが，領域（＝連結な開集合）の各点において，交わる 2 曲線のなす角が $\mathbb{C}$ 上の写像によって（向きも含めて）常に等しいとき，この写像をこの領域上の**等角 (conformal) 写像**という．等角写像という用語を用いる場合は大域的な 1 対 1 の関係（単射性）[4] が前提になっていることが多い．正則関数についての定義 2.3(2) を思い出すと，命題 2.4 から直ちに次の定理が得られるが，これが <u>正則関数のもつ等角性</u> と呼ばれる重要な性質である．

> **定理 2.2**　領域 D 上の正則関数 $f: D \to f(D) \subset \mathbb{C}$ が $f'(z) \neq 0$ かつ 1 対 1 対応のとき，f は D 上の等角写像である．

---

[3] ここでは 1 点 z_0 のみでの等角性が論じられているので，この性質を局所等角性ということがある．
[4] 例えば $f(z) = z^2$ では，上半平面 $\{z \mid 0 \leq \arg z < \pi\}$ も下半平面 $\{z \mid -\pi \leq \arg z < 0\}$ も共に $\mathbb{C}$ 全体に写されているので，大域的な 1 対 1 の関係は成立していない．

$w = J(z) := \frac{1}{2}(z + \frac{1}{z})$ で与えられる写像（変換）$J : \mathbb{C}\backslash\{0\}$[5]$\to \mathbb{C}$ は **Joukowski 変換**[6]と呼ばれ，$J(z)$ は $z \neq 0$ で正則関数である．極形式を用いて $z = r(\cos\theta + i\sin\theta)$ とすると，$\frac{1}{z} = \frac{1}{r}(\cos\theta - i\sin\theta)$ なので，

$$w = \left\{\frac{1}{2}\left(r + \frac{1}{r}\right)\cos\theta\right\} + i\left\{\frac{1}{2}\left(r - \frac{1}{r}\right)\sin\theta\right\} \tag{2.18}$$

となり，単位円周 $\{\,z \mid |z| = 1\,\}$ の内側も外側も同じ領域に写され，単位円周は実軸上の閉区間 $[-1, 1]$ に写されることがわかる．単位円周の外側（$r = |z| > 1$ の領域）D だけを考えると，$J : D \to \mathbb{C}\backslash[-1,1]$ [7]は 1 対 1 対応であり（→ 演習問題 2.9），また $J'(z) = \frac{1}{2}\left(1 - \frac{1}{z^2}\right) \neq 0$ であるので，定理 2.2 によれば複素関数 J は領域 D 上の等角写像になっている．円では半径と接線が直交することを既知として具体的な計算を進めてみる．z が半径 $r(> 1)$ の円周上を動くとき，z の像 w を $w = p + qi$ と表すと，(2.18) から θ を消去することにより

$$\frac{p^2}{\left(\frac{1}{2}\left(r + \frac{1}{r}\right)\right)^2} + \frac{q^2}{\left(\frac{1}{2}\left(r - \frac{1}{r}\right)\right)^2} = 1 \tag{2.19}$$

となり，半径 r の円周上の点は (2.19) で表される楕円上の点に写されていることがわかる．また原点を通る（$\arg z = \varphi$ の）半直線 $z = (\cos\varphi + i\sin\varphi)t$ $(t > 1)$ の J による像は

$$w = \left\{\frac{1}{2}\left(t + \frac{1}{t}\right)\cos\varphi\right\} + i\left\{\frac{1}{2}\left(t - \frac{1}{t}\right)\sin\varphi\right\}$$

となるが，ここでも $w = p + qi$ とおいてパラメータ t を消去すると，$\varphi \neq 0, \frac{\pi}{2}, \pi, \frac{3}{2}\pi$ のとき，

$$\frac{p^2}{\cos^2\varphi} - \frac{q^2}{\sin^2\varphi} = 1 \tag{2.20}$$

となり，半直線は (2.20) で表される双曲線上の点に写されていることがわかる（図 2.3）．このとき，定理 2.2 により，(2.19) で表される楕円と (2.20) で

---

[5] $\mathbb{C}\backslash\{0\} = \{\,z \mid z \in \mathbb{C}, z \neq 0\,\}$．
[6] ジュウコフスキー，Nicolai Joukowski (1847–1921)．
[7] $\mathbb{C}\backslash[-1,1] = \{\,z \mid z \in \mathbb{C}, z \notin [-1,1]\,\}$．

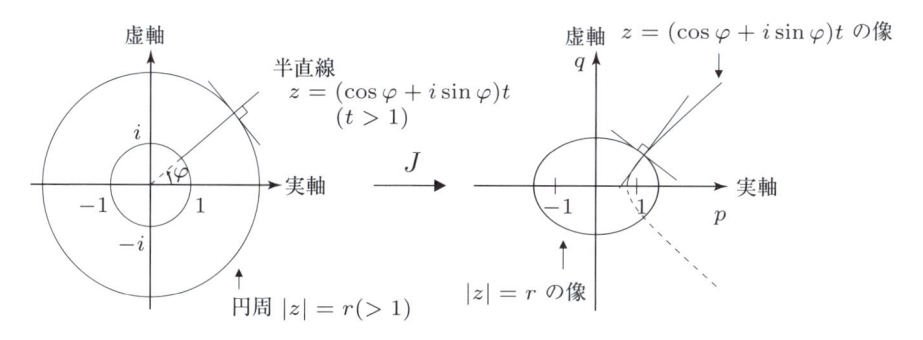

図 2.3 Joukowski 変換の表す等角写像.

表される双曲線の交点における角は $\frac{\pi}{2}$ であることがわかる．補足であるが，楕円 (2.19) と双曲線 (2.20) の焦点[8]はともに $(-1, 0), (1, 0)$ で一致している．このように焦点の一致する楕円と双曲線は共焦点的 (confocal) な関係にあると呼ばれる．

演習問題 2.8 $\mathbb{C}$ 上の曲線 $z(t) = t + t^2 i \ (t \in \mathbb{R})$ について，$t = 0$ の点でこの曲線は図形の上では接線をもつが，その接線は (2.17) の偏角による特徴づけはできないことを確認せよ．

演習問題 2.9 $D := \{ z \mid |z| > 1 \}$ とするとき，Joukowski 変換 $J : D \to \mathbb{C} \setminus [-1, 1]$ は 1 対 1 対応（全単射）であることを確認せよ．

演習問題 2.10 半直線 $z = (\cos\varphi + i\sin\varphi)t \ (t > 1)$ の Joukowski 変換による像 (2.20) の漸近線を求めよ．

2.3 関数列の収束

冪（べき）級数で与えられる正則関数を導入する準備として，関数列の収束について説明しておく．本章 2.1 節でも述べたように，$z = x + yi$ の表示を利用して複素関数 $f(z)$ は $f(z) = f(x, y) = u(x, y) + iv(x, y)$ という x, y の 2 変数関数とも考えられる．以下の内容は多変数の微積分で学習する事項との重複もあるが，本章で後述する内容を想定した形で説明しておく．

---

[8] xy 平面上の楕円 $\frac{x^2}{a^2} + \frac{y^2}{b^2} = 1 \ (a > b > 0)$ の焦点は $(\pm\sqrt{a^2 - b^2}, 0)$ であり，双曲線 $\frac{x^2}{a^2} - \frac{y^2}{b^2} = 1$ の焦点は $(\pm\sqrt{a^2 + b^2}, 0)$ である．

D を複素平面 $\mathbb{C}$ の領域とし，関数列 $\{f_n(z)\}_{n=1}^{\infty}$ は D で定義されているとする．（このような関数列を「D 上の関数列」という．）このとき関数列の極限 $\lim_{n \to +\infty} f_n(z) = f(z)$ を考える素朴な方法は，$z \in D$ 毎にこの極限を考えることである．つまり，$z_0 \in D$ を固定する毎に $\{f_n(z_0)\}_{n=1}^{\infty}$ を $\mathbb{C}$ の数列と見なして数列が複素数 $f(z_0)$ に収束すると考えるもので，関数列の各点収束と呼ばれる．ε-N 論法を用いると，第 1 章 1.3 節の数列の収束と同様にして，

$$\lim_{n \to +\infty} f_n(z_0) = f(z_0) \iff \qquad (2.21)$$
$$\forall \varepsilon > 0, \exists N \in \mathbb{Z}^+ \text{ s.t. } n \geq N \implies |f_n(z_0) - f(z_0)| < \varepsilon$$

であり，これを D の各点 z_0 で考えることになる．ここで注意すべきことは，(2.21) に現れる非負整数 N は点 z_0 毎に ε に依存して決まるもので，$N = N(\varepsilon, z_0)$ と書かれるような整数である．この各点収束は数列の知識のみで関数列の収束を考えるので単純であるが，z_0 が変化すると $N(\varepsilon, z_0)$ も一般には変化するため，理論展開の上では扱いにくい場合も多い．そこでこの N が ε だけに依存して z_0 には依らない場合を考え，そのような収束を一様 (**uniform**) 収束という．

> **定義 2.5**（関数列の一様収束） U を複素平面 $\mathbb{C}$ の部分集合とし，$\{f_n(z)\}_{n=1}^{\infty}$ は U 上の有界な関数列で，$f(z)$ は U 上の有界関数とする．このとき，$\lim_{n \to +\infty} \left\{ \sup_{z \in U} |f_n(z) - f(z)| \right\} = 0$ が成立するとき，関数列 $\{f_n(z)\}_{n=1}^{\infty}$ は関数 $f(z)$ に U 上で一様収束する $\left(\lim_{n \to +\infty} f_n(z) = f(z) \ (U \text{ 上で一様収束}) \right)$ という．

一様収束は，ε-N 論法によって収束を記述したときに (2.21) における整数 N の取り方が z_0 に依存せずに ε のみから決まることを意味しているので，「各 ε に対して $\sup_{z_0 \in U} N(\varepsilon, z_0)$ が有限」と特徴づけることもできる（→ 演習問題 2.11）．U 上の関数列 $\{f_n(z)\}_{n=1}^{\infty}$ に対し，U 上では一様収束はしなくても，U に含まれる任意のコンパクト集合（すなわち有界閉集合）K 上では一様収束をするという場合には，この収束を広義一様収束 (locally uniform convergence または uniform convergence on compact sets) という．すなわち

$$\lim_{n\to+\infty} f_n(z) = f(z) \quad (U \text{ 上で広義一様})$$
$$\iff K \subset U \text{ を任意のコンパクト集合とするとき,} \tag{2.22}$$
$$\lim_{n\to+\infty}\left\{\sup_{z\in K}|f_n(z)-f(z)|\right\}=0$$

である．微積分で学習したことの繰り返しになるが，一様収束・広義一様収束については次の定理が重要である．

> **定理 2.3** U を複素平面 $\mathbb{C}$ の部分集合とし，$\{f_n(z)\}_{n=1}^{\infty}$ は U 上の連続関数列で，ある関数 $f(z)$ に各点収束しているとする．このとき，この収束が一様収束（または広義一様収束）であれば，$f(z)$ は U 上の連続関数である．

この定理から次の定理が得られることが知られているが，ここでは証明を省略して定理だけを述べておく．（→ 演習問題 2.13）

> **定理 2.4** K を複素平面 $\mathbb{C}$ のコンパクト集合とし，$\{f_n(z)\}_{n=1}^{\infty}$ を K 上の連続関数列とする．このとき，$p,q \to +\infty$ のとき
> $$\max_{z\in K}|f_p(z)-f_q(z)| \to 0$$
> であれば，K 上のある連続関数 $f(z)$ が存在し，$\{f_n(z)\}_{n=1}^{\infty}$ は $f(z)$ に（K 上で）一様収束する．また逆も成立する．

定理 2.3 では $\{f_n(z)\}$ の収束先 $f(z)$ があらかじめわかっていなくてはならないが，定理 2.4 では収束先の $f(z)$ の存在も定理の結論に含まれていることが大きな相違である．また「コンパクト集合上の実数値連続関数は最大値と最小値をもつ」ことから，定理 2.4 では $\sup_{z\in K}|f_p(z)-f_q(z)| = \max_{z\in K}|f_p(z)-f_q(z)|$ であることが用いられている．逆の成立は，収束する列は Cauchy 列となるという一般的な事実による．

演習問題 2.11 (2.21) において ε を与える毎に $\sup_{z_0\in D} N(z_0,\varepsilon)$ が有限であれば，$\lim_{n\to+\infty} f_n(z) = f(z)$ （一様）であることを確認せよ．

演習問題 2.12 $D=\{\,z \mid 0<|z|<1\,\}$ において，$f_n(z) = \dfrac{1}{nz}$ $(n=1,2,\ldots)$ とする．

(1) $\lim_{n\to+\infty} f_n(z) = 0$（各点）を確認せよ．
(2) $\lim_{n\to+\infty} f_n(z) = 0$ は一様収束ではないが，広義一様収束であることを確認せよ．

演習問題 2.13 (1) 定理 2.4 の仮定の下で，U 上のある関数 $f(z)$ が存在し，$\lim_{n\to+\infty} f_n(z) = f(z)$（各点）が成立することを示せ．
(2) (1) の収束が一様収束となることを示せ．
(3) (1),(2) および定理 2.3 を利用して，定理 2.4 の証明を与えよ．

数列 $\{a_n\}_{n=0}^{\infty}$ に対して，$\sum_{n=0}^{\infty} a_n$ を（無限）級数 (series) というように，関数列 $\{f_n(z)\}_{n=0}^{\infty}$ に対して $\sum_{n=0}^{\infty} f_n(z)$ を関数項級数という．特に $\sum_{n=0}^{\infty} a_n(z-\alpha)^n$ の形の関数項級数を冪（べき）級数 (power series) という．D を複素平面 $\mathbb{C}$ の部分集合とするとき，D 上の関数項級数 $\sum_{n=0}^{\infty} f_n(z)$ の収束を論じることは

$$S_k(z) := \sum_{n=0}^{k} f_n(z), \quad z \in D \qquad (k=0,1,2,\cdots) \qquad (2.23)$$

で与えられる関数列 $\{S_k(z)\}_{k=0}^{\infty}$ の収束を論じることと同値であり，関数項級数に対しても各点収束，一様収束，広義一様収束を考える．以下では特に「関数項」であることを強調しなくても混乱の生じないときは，関数項級数も単に級数と呼ぶ．

級数の収束を論じる場合には各項の絶対値の和，すなわち $\sum_{n=0}^{\infty} |f_n(z)|$ の収束を論じることが便利な場合も多く，$\sum_{n=0}^{\infty} |f_n(z)|$ が収束するとき，もとの級数は絶対収束 (absolutely converge) するという．これからの議論ではこの絶対収束と（広義）一様収束を組み合わせて扱うことが多く，定理 2.4 から導かれる次の定理が有用である．

定理 2.5 K は複素平面 $\mathbb{C}$ のコンパクト集合で，$\{f_n(z)\}_{n=0}^{\infty}$ は K 上の連続関数列とする．このとき $q > p$ で $p,q \to +\infty$ のとき $\max_{z \in K} \left(\sum_{n=p+1}^{q} |f_n(z)| \right) \to 0$ であれば，級数 $\sum_{n=0}^{\infty} f_n(z)$ は絶対収束し，この級数は K 上のある連続関数 $f(z)$ に一様収束する．（これを $\sum_{n=0}^{\infty} f_n(z)$

は関数 $f(z)$ に K 上で絶対一様収束する，あるいは $\sum_{n=0}^{\infty} f_n(z) = f(z)$ は K 上で絶対一様収束であるという.)

証明 (2.23) で定められる関数列 $\{S_k(z)\}$ に対して，$q > p$ のとき，

$$|S_p(z) - S_q(z)| = \Big|\sum_{n=p+1}^{q} f_n(z)\Big| \leq \sum_{n=p+1}^{q} |f_n(z)|$$

であり，$p, q \to +\infty$ のとき $\max_{z \in K} |S_p(z) - S_q(z)| \to 0$ となるので，定理 2.4 から K 上のある連続関数 $f(z)$ が存在して $\sum_{n=0}^{\infty} f_n(z) = f(z)$ は一様収束である．この収束が絶対収束であることを示すことは蛇足に類することではあるが，$T_k(z) := \sum_{n=0}^{k} |f_n(z)|$ とすると $p, q \to +\infty$ のとき $\max_{z \in K} |T_p(z) - T_q(z)| \to 0$. 従って $\{T_k(z)\}$ は，定理 2.4 より，K 上のある連続関数に一様収束しているので，$\sum_{n=0}^{\infty} |f_n(z)|$ も収束している．□

$\mathbb{C}$ の部分集合 D 上の関数列 $\{f_n(z)\}_{n=0}^{\infty}$ に対して，$|f_n(z)| \leq M_n(z)$ ($n = 0, 1, \cdots$) を満たす非負値の関数列 $\{M_n(z)\}_{n=0}^{\infty}$ を考え，級数 $\sum_{n=0}^{\infty} M_n(z)$ をもとの級数 $\sum_{n=0}^{\infty} f_n(z)$ の優級数 (majorant series) という．このとき $\{M_n(z)\}_{n=0}^{\infty}$ は $\{f_n(z)\}_{n=0}^{\infty}$ に対する優関数列と呼ばれる．優級数の収束は絶対収束の一般化であり，最も単純な優関数は $M_n(z) := |f(z)|$ ($n \geq 0$) である．このとき定理 2.5 の場合と殆んど同じ証明によって次の定理が得られる．

定理 2.6 K は複素平面 $\mathbb{C}$ のコンパクト集合とし，$\{f_n(z)\}_{n=0}^{\infty}$ を K 上の連続関数列，$\{M_n(z)\}_{n=0}^{\infty}$ をその優関数列とする．このとき優級数が K 上で一様収束，すなわち $q > p$, $p, q \to +\infty$ のとき $\max_{z \in K} \left(\sum_{n=p+1}^{q} M_n(z)\right) \to 0$ であれば，級数 $\sum_{n=0}^{\infty} f_n(z)$ は K 上のある連続関数に絶対一様収束する．

優級数を用いた議論では扱い易い優級数を探すことがポイントである．また定理 2.5 および定理 2.6 では級数 $\sum_{n=0}^{\infty} f_n(z)$ が K 上の連続関数 $f(z)$ に一様収束しているので，$z, z_0 \in K$ のとき

$$\lim_{z \to z_0} \sum_{n=0}^{\infty} f_n(z) = f(z_0) = \sum_{n=0}^{\infty} f_n(z_0) \tag{2.24}$$

が成立していることに注意しておく．

以上の準備のもとで冪級数の収束について説明するが，ここでも微積分で学習した級数の基本事項を復習しておく．微積分では実数列に限定されていることが多いが，ここでは一部の内容を複素数列の場合に拡張して書いている．

> **命題 2.5** (1) $\{a_n\}_{n=0}^{\infty} \subset \mathbb{C}$ に対して，$p, q \to +\infty$ のとき $|\sum_{n=p+1}^{q} a_n| \to 0$ であれば，ある $\alpha \in \mathbb{C}$ が存在して $\sum_{n=0}^{\infty} a_n = \alpha$ である．
>
> (2) (**d'Alembert の判定条件**) 正項級数 $\sum_{n=0}^{\infty} a_n$ (すなわち各 a_n は非負の実数) に対して $l := \lim_{n \to +\infty} \dfrac{a_{n+1}}{a_n}$ が ($+\infty$ も含めて) 確定しているとする．このとき $l < 1$ であればこの級数は収束し，$l > 1$ であれば発散する．
>
> (3) (**Cauchy の判定条件**) 正項級数 $\sum_{n=0}^{\infty} a_n$ に対して，$r := \limsup_{n \to +\infty} \sqrt[n]{a_n}$ とする[9]．このとき $r < 1$ であればこの級数は収束し，$r > 1$ であれば発散する．
>
> (4) $\{a_n\}_{n=0}^{\infty} \subset \mathbb{C}$ に対して，正項級数 $\sum_{n=0}^{\infty} |a_n|$ が収束すれば $\sum_{n=0}^{\infty} a_n$ も収束する．

---

[9] $\limsup$ は実数列の上極限を表す記号で，$\overline{\lim}$ とも表される．実数列 $\{x_n\}$ に対して $\limsup_{n \to +\infty} x_n := \lim_{n \to +\infty} (\sup\{x_n, x_{n+1}, \dots\})$ である．$\lim_{n \to +\infty} x_n$ が存在するときは $\limsup_{n \to +\infty} x_n = \lim_{n \to +\infty} x_n$ である．

2.3 関数列の収束

命題 2.6 $\{a_n\}_{n=0}^{\infty} \subset \mathbb{C}$ に対して級数 $\sum_{n=0}^{\infty} a_n$ が収束しているとき，$\{a_n\}_{n=0}^{\infty}$ は有界，すなわちある正数 M が存在して $|a_n| < M$ $(n = 0, 1, 2, \ldots)$ である．

すでに述べたように，$\alpha \in \mathbb{C}, \{a_n\}_{n=0}^{\infty} \subset \mathbb{C}$ のとき，関数項級数

$$\sum_{n=0}^{\infty} a_n (z - \alpha)^n \qquad (2.25)$$

を点 α の周りの冪級数，あるいは α を中心とする冪級数といい，$\{a_n\}_{n=0}^{\infty}$ を冪級数 (2.25) の係数という．冪級数の収束については次の定理が最も基本的である．

定理 2.7 (**Abel**[10]の収束定理) 冪級数 (2.25) が 1 点 $z_0 (\neq \alpha) \in \mathbb{C}$ で収束するとき，この冪級数は α を中心とする開円板 $D = \{ z \in \mathbb{C} \mid |z - \alpha| < |z_0 - \alpha| \}$ 上で広義一様絶対収束する．

証明 広義一様収束を示すこととは，D に含まれる任意のコンパクト集合 K 上での一様収束を示すことである．仮定より級数 $\sum_{n=0}^{\infty} a_n (z_0 - \alpha)^n$ が収束しているので，命題 2.6 より，ある正数 M が存在して $|a_n (z_0 - \alpha)^n| < M$ $(n = 0, 1, \ldots)$ である．ここで $q > p$ のとき，

$$\sum_{n=p+1}^{q} |a_n (z - \alpha)^n| = \sum_{n=p+1}^{q} |a_n| |z_0 - \alpha|^n \left(\frac{|z - \alpha|}{|z_0 - \alpha|} \right)^n$$
$$< M \sum_{n=p+1}^{q} \left(\frac{|z - \alpha|}{|z_0 - \alpha|} \right)^n. \qquad (2.26)$$

K を D に含まれる（任意の）コンパクト集合とすると，

$$\rho := \max_{z \in K} \frac{|z - \alpha|}{|z_0 - \alpha|} < 1$$

であり，(2.26) より $z \in K, q > p, p, q \to +\infty$ のとき

---
[10] アーベル，Niels Henrik Abel (1802–1829).

$$\sum_{n=p+1}^{q} |a_n(z-\alpha)^n| \leq M \sum_{n=p+1}^{q} \rho^n \to 0$$

となる．ここで定理 2.5 を用いると $\sum_{n=0}^{\infty} a_n(z-\alpha)^n$ はコンパクト集合 K 上で一様絶対収束をしており，この級数は D 上で広義一様絶対収束する． □

Abel の収束定理は，冪級数の収束領域は α を中心とする円板状であることを示唆しており，次の定義によって収束半径 (convergence radius) を導入する．

> **定義 2.6** (収束半径)　点 α を中心とする冪級数 (2.25) が広義一様絶対収束する半径 r の開円板 $D_r := \{\, z \in \mathbb{C} \mid |z-\alpha| < r \,\}$ を考える．このような開円板の半径 r の上限 R をこの冪級数の収束半径という．このような開円板 D_r が存在しないときは収束半径は 0 とし，また複素平面 $\mathbb{C}$ 全体で広義一様絶対収束する場合として $R = +\infty$ も許すものとする．

冪級数 (2.25) が与えられたとき，収束半径 R は係数 $\{a_n\}$ から決まる量である．例えば $a_n = 1 \ (n=0,1,\dots)$ のとき

$$\sum_{n=0}^{\infty} z^n \quad : \quad \begin{cases} |z| > 1 \text{ のとき発散} \\ |z| < 1 \text{ のとき広義一様絶対収束} \end{cases}$$

であるから，収束半径は $R = 1$ である．冪級数が与えられたときにその収束半径を求めることは極めて重要なことで，その計算には次の 2 つの定理が知られている．

> **定理 2.8**　(d'Alembert[11]の公式)　冪級数 (2.25) において，$\lim_{n \to +\infty} \left| \dfrac{a_n}{a_{n+1}} \right|$ が ($+\infty$ も含めて) 確定するとき，この値は収束半径 R である．

---

11) ダランベール，Jean le Rond d'Alembert (1717–1783).

2.3 関数列の収束

定理 2.9 （Cauchy[12]-Hadamard[13]の公式） 冪級数 (2.25) の収束半径を R とすると，$\dfrac{1}{R} = \limsup\limits_{n \to +\infty} \sqrt[n]{|a_n|}$ である．ただし，この上極限が発散するときは，収束半径は $R = 0$ と考える．

d'Alembert の公式は便利な公式ではあるが，$\lim\limits_{n \to +\infty}\left|\dfrac{a_n}{a_{n+1}}\right|$ が確定しない場合や，係数 $\{a_n\}$ の中に 0 が無限個ある場合には適用できない．それに対して上極限 $\limsup\limits_{n \to +\infty} \sqrt[n]{|a_n|}$ は常に存在するので，Cauchy-Hadamard の公式は常に利用できる．例えば原点周りの冪級数 $\sum\limits_{n=0}^{\infty} \dfrac{n^n}{n!} z^n$ では係数 $a_n = \dfrac{n^n}{n!}$ であるので，d'Alembert の公式によって収束半径は

$$R = \lim_{n \to +\infty}\left|\frac{n^n}{n!} \cdot \frac{(n+1)!}{(n+1)^{n+1}}\right| = \lim_{n \to +\infty}\frac{1}{\left(1 + \frac{1}{n}\right)^n} = \frac{1}{e}$$

と容易に求められる．一方，Cauchy-Hadamard の公式を適用すると

$$\frac{1}{R} = \limsup_{n \to +\infty}\frac{n}{\sqrt[n]{n!}} = \lim_{n \to +\infty}\frac{n}{\sqrt[n]{n!}}$$

となるが，この極限の計算には工夫を要する．また冪級数 $\sum_{n=1}^{\infty} x^{2n+1}$ の係数 a_n は，n が偶数のときは 0 で奇数のときは 1 である．この場合は d'Alembert の公式は利用できないが，Cauchy-Hadamard の公式によれば $\limsup\limits_{n \to +\infty} \sqrt[n]{|a_n|} = 1$ より収束半径が直ちに得られる．Cauchy-Hadamard の公式は重要な定理であるので，Cauchy の判定条件（命題 2.5(3)）を利用してこの公式には証明をつけておく．

定理 2.9 の証明 冪級数の中心を $\alpha = 0$ としても一般性は失われないので，簡単のために $\alpha = 0$ としておく．以下では $a := \limsup\limits_{n \to \infty} \sqrt[n]{|a_n|}$ が（0 でない）有限値の場合に証明を与える．収束半径の定義（定義 2.6）に即して考えると，(1) $|z| < \dfrac{1}{a}$ のときは冪級数は広義一様絶対収束し，(2) $|z| > \dfrac{1}{a}$ のときは発散するという 2 つの事項を示さなければならない．集合 K を開

---

[12] コーシー，Augustin Louis Cauchy (1789–1857).
[13] アダマール，Jacques Salomon Hadamard (1865–1963).

円板 $\{\,z\mid |z|<\frac{1}{a}\,\}$ に含まれるコンパクト集合とすると，$\max_{z\in K} a|z|<1$ である．この最大値を与える点を z_0 とすると $\limsup_{n\to +\infty}\sqrt[n]{|a_n z_0^n|}<1$ であり，命題 2.5(3) より級数 $\sum_{n=0}^{\infty}|a_n z_0^n|$ は絶対収束することになる．従って Abel の収束定理と同様の評価により，この冪級数はコンパクト集合 K 上で一様収束をする．次に $|z|>\frac{1}{a}$ のときはある正数 η が存在して $a|z|>1+\eta$ となるので，$\limsup_{n\to +\infty}\sqrt[n]{|a_n z^n|}\geq 1+\eta>1$ となり，命題 2.5(3) より冪級数が発散していることがわかる．そこで収束半径は $R=\dfrac{1}{a}$ である．□

冪級数 (2.25) の収束半径が $R(>0)$ のとき，$B_R(\alpha):=\{\,z\mid |z-\alpha|<R\,\}$ をこの冪級数の**収束円**という．

演習問題 2.14 定理 2.6 の証明を与えよ．

演習問題 2.15 定理 2.9 の証明において，$\limsup_{n\to\infty}\sqrt[n]{|a_n z^n|}\geq 1+\eta>1$ のとき，冪級数が発散することを，命題 2.5(3) に即して確かめよ．

演習問題 2.16 冪級数 $\sum_{n=0}^{\infty} a_n z^n$ の収束半径が $R\,(>0)$ のとき，冪級数 $\sum_{n=1}^{\infty} n a_n z^{n-1}$ の収束半径も R であることを確認せよ．

演習問題 2.17 次の冪級数の収束半径を求めよ．

(1) $\displaystyle\sum_{n=2}^{\infty}\frac{z^n}{n(n-1)}$ (2) $\displaystyle\sum_{n=0}^{\infty} a^{n^2} z^n\ \ (a>0)$ (3) $\displaystyle\sum_{n=0}^{\infty}\frac{(n!)^2}{(2n)!}z^n$

■ 2.4 解析関数

複素平面上の領域 D 上の複素関数 $f(z)$ が $\alpha\in D$ で**解析的** (analytic) であるとは，$f(z)$ が $z=\alpha$ の近傍では $f(z)=\sum_{n=0}^{\infty} a_n (z-\alpha)^n$ という収束する冪級数の形で与えられることをいう．Weierstrass に倣った精密な言い方では，$\alpha\in\mathbb{C},\{a_n\}_{n=0}^{\infty}\subset\mathbb{C}$ に対して，正の収束半径をもつ冪級数 $p(z,\alpha):=\sum_{n=0}^{\infty} a_n(z-\alpha)^n$ は**関数要素** (function element) と呼ばれる．この関数要素を第 5 章で述べる解析接続によってつなぎ合わせたものが**解析関数** (analytic function) である．ここではこの関数要素と解析関数の定義の順序をあまり区別せず，関数の定義域 D は予め与えれられているものと考え

2.4 解析関数

て，冒頭に述べたような意味で解析関数を定義する：

$f(z)$ が領域 D 上の解析関数

$\iff f(z)$ は D の各点 α において，正の収束半径を
もつ冪級数の形で与えれられる．

これまでは正則関数の例としては多項式か，多項式の組み合わせで得られる（分母が 0 とならない範囲で）分数式（有理関数（→ 第 5 章））程度しか考えていなかったが，本節ではこの<u>解析関数が正則</u>であることを示す．その準備として，因数分解の有名な公式

$$a^n - b^n = (a-b)(a^{n-1} + a^{n-2}b + \cdots + b^{n-1}) \quad (n \text{ は自然数})$$

を思い出しておく．原点の近傍で与えられた関数 $f(z)$ が原点で解析的，すなわち $f(z) = \sum_{n=0}^{\infty} a_n z^n$ とする．この冪級数の収束円を $B_R := \{\, z \mid |z| < R \,\}$ とし，$z, z_0 \in B_R$ とするとき

$$\frac{f(z) - f(z_0)}{z - z_0} = \sum_{n=1}^{\infty} a_n (z_0^{n-1} + z_0^{n-2} z + \cdots + z^{n-1}) \quad (2.27)$$

となる．ここで $|z_0| < R'(<R), |z - z_0| < \frac{1}{2}(R - R')$ とすると z_0 と z とはともにコンパクト集合 $K := \{\, z \mid |z| \leq \frac{1}{2}(R + R') \,\}$ に含まれ，このとき

$$| a_n (z_0^{n-1} + z_0^{n-2} z + \cdots + z^{n-1}) | \leq |a_n| n \left\{ \frac{1}{2}(R + R') \right\}^{n-1}$$
$$\leq n |a_n| R^{n-1} \left(\frac{R + R'}{2R} \right)^{n-1}$$

となる．冪級数 $\sum_{n=0}^{\infty} n a_n z^{n-1}$ の収束半径も R である（→ 演習問題 2.16）ことから，$p, q \to \infty$ のとき

$$\max_{z \in K} \sum_{n=p+1}^{q} |a_n (z_0^{n-1} + z_0^{n-2} z + \cdots + z^{n-1})| \to 0.$$

従って定理 2.5 の仮定が満たされていることがわかり，(2.27) の右辺の級数はコンパクト集合 K 上のある連続関数に一様収束することになる．正数 R'

は $R' < R$ で任意にとれるので,B_R 内の任意のコンパクト集合に対してそれを含むコンパクト集合 K を開円板 B_R の中で任意にとることができ,従って B_R 上のある連続関数 $g(z)$ が存在して

$$\sum_{n=1}^{\infty} a_n(z_0^{n-1} + z_0^{n-2}z + \cdots + z^{n-1}) = g(z) \quad (B_R \text{ 上で広義一様絶対収束})$$

となる.$g(z)$ は連続関数であるので $\lim_{z \to z_0} \dfrac{f(z) - f(z_0)}{z - z_0} = g(z_0)$ であり,従って $f(z)$ は B_R の各点 z_0 で微分可能であって

$$f'(z_0) = \sum_{n=1}^{\infty} n a_n z_0^{n-1} \left(= \sum_{n=0}^{\infty} n a_n z_0^{n-1}\right) \tag{2.28}$$

が成立することがわかる.B_R が開集合であることから,定義 2.1 により,次の定理が得られる.

定理 2.10　複素関数 $f(z)$ が原点 $z=0$ で解析的であれば,$f(z)$ はその収束円 B_R の各点で微分可能であり,B_R 上の正則関数である.

系 2.2　領域 D 上の複素関数が D の各点で解析的であれば,この関数は D 上の正則関数である.

(2.27) の絶対一様収束を用いて $f(z)$ の導関数が (2.28) の形で得られた計算を繰り返し行うと,次の定理が得られることがわかる.

定理 2.11　冪級数で与えられる $f(z) = \sum_{n=0}^{\infty} a_n z^n$ の収束円を $B_R(R>0)$ とするとき,$f(z)$ はこの収束円において何回も微分可能であり,自然数 k に対して,その k 階導関数は

$$f^{(k)}(z) = \sum_{n=k}^{\infty} n(n-1)\ldots(n-k+1) a_n z^{n-k} \quad (z \in B_R) \tag{2.29}$$

となる.またこのとき,$a_k = \dfrac{f^{(k)}(0)}{k!}$ $(k=0,1,2,\ldots)$ が成立する.

2.4 解析関数

系 2.3 複素関数 $f(z)$ が $z=0$ で解析的であれば，$f(z)$ の冪級数展開は一意的で，
$$f(z) = \sum_{n=0}^{\infty} \frac{f^{(n)}(0)}{n!} z^n \tag{2.30}$$
となる．（"一意的" の意味については演習問題 2.19．）

系 2.4 (解析関数の **Taylor**[14]展開)　複素関数 $f(z)$ が $z=\alpha$ で解析的であれば，$z=\alpha$ の周りで
$$f(z) = \sum_{n=0}^{\infty} \frac{f^{(n)}(\alpha)}{n!} (z-\alpha)^n \tag{2.31}$$
という冪級数に展開される．

多項式 $P_m(z) = a_m z^m + a_{m-1} z^{m-1} + \cdots + a_0\ (a_m \neq 0)$ は (2.25) で $\alpha = 0, a_n = 0\ (n \geq m+1)$ の場合であり，収束半径 $R = +\infty$ の解析関数である．また $|z| < 1$ のとき
$$\frac{1}{1-z} = \sum_{n=0}^{\infty} z^n \quad (\text{広義一様絶対収束})$$
であるので，$f(z) = \frac{1}{1-z}$ は原点で解析的である．

微積分では Taylor 展開によって，$x \in \mathbb{R}$ のとき
$$\text{指数関数}: e^x = 1 + x + \frac{x^2}{2!} + \cdots$$
$$\text{三角関数}: \sin x = x - \frac{x^3}{3!} + \frac{x^5}{5!} - \cdots,$$
$$\cos x = 1 - \frac{x^2}{2!} + \frac{x^4}{4!} - \cdots$$
という冪級数の形に展開されることを学んだ．これを利用し，$z \in \mathbb{C}$ に対する指数関数 (exponential function) と三角関数 (trigonometric function) を次のように冪級数を利用して定義する：

---

[14] テイラー，Brook Taylor (1685–1731).

$$e^z := 1 + z + \frac{z^2}{2!} + \cdots = \sum_{n=0}^{\infty} \frac{z^n}{n!} \tag{2.32}$$

$$\sin z := z - \frac{z^3}{3!} + \frac{z^5}{5!} - \cdots = \sum_{n=0}^{\infty} (-1)^n \frac{z^{2n+1}}{(2n+1)!} \tag{2.33}$$

$$\cos z := 1 - \frac{z^2}{2!} + \frac{z^4}{4!} - \cdots = \sum_{n=0}^{\infty} (-1)^n \frac{z^{2n}}{(2n)!} . \tag{2.34}$$

Cauchy-Hadamard の公式を用いて冪級数 (2.32) の収束半径 R を計算すると，(2.32) に対して $\dfrac{1}{R} = \limsup\limits_{n \to +\infty} \left(\dfrac{1}{n!}\right)^{1/n} = \lim\limits_{n \to +\infty} \left(\dfrac{1}{n!}\right)^{1/n} = 0$ より $R = +\infty$ となり，e^z の収束は複素平面 $\mathbb{C}$ 上で広義一様絶対収束である．同様に冪級数 (2.33) および (2.34) も $\mathbb{C}$ 上で広義一様絶対収束をしている．絶対収束する級数では項の順序を入れ換えても級数は同じ値に収束することから，次の命題が得られる．

命題 2.7 $z_1, z_2 \in \mathbb{C}$ のとき，$e^{z_1 + z_2} = e^{z_1} e^{z_2}$ である．

命題 2.8 (**Euler の関係**) $e^{iz} = \cos z + i \sin z$. すなわち
$$\sin z = \frac{1}{2i}(e^{iz} - e^{-iz}), \qquad \cos z = \frac{1}{2}(e^{iz} + e^{-iz}).$$
である．

命題 2.9 $e^z, \sin z, \cos z$ は $\mathbb{C}$ 上の正則関数であり，
$$\frac{d}{dz} e^z = e^z, \quad \frac{d}{dz} \sin z = \cos z, \quad \frac{d}{dz} \cos z = -\sin z$$
である．

自明なことであるが，$x \in \mathbb{R}$ のときは (2.32)–(2.34) で定義される指数関数と三角関数は高校時代から扱っていた $e^x, \sin x, \cos x$ と一致している．ただし，$x \in \mathbb{R}$ のときは $|\sin x| \leq 1, |\cos x| \leq 1$ となる有界関数であるが，$z \in \mathbb{C}$ のときは $\sin z$ も $\cos z$ も非有界な関数である．また (1.14) で導入された Euler の関係 $\cos \theta + i \sin \theta = e^{i\theta}$ ($\theta \in \mathbb{R}$) は命題 2.8 の特別な場合である．

指数関数を定義したついでに，その逆関数として対数関数 (logarithmic function) を定義しておこう．$z \in \mathbb{C}$ に対して $z = e^w$ を満たす $w \in \mathbb{C}$ を z の対数といい，$w = \log z$ と表す．ここで $w = x + iy$ $(x, y \in \mathbb{R})$ とすると $z = e^{x+iy} = e^x e^{iy}$ が満たされている．$|e^{iy}| = 1$ であるから $z \neq 0$ のとき $|z| = e^x$ となり，実数の対数を用いて $x = \log |z|$ となることがわかる．また極形式を利用して $z = |z|e^{i \arg z}$ と表すと $y = \arg z$ となり，$z \in \mathbb{C}$ に対して

$$\log z = \log |z| + i \arg z \qquad (z \neq 0) \tag{2.35}$$

であることがわかる．ここで注意すべきことは，1.2 節でも述べた通り，複素数の偏角は一般角で測っているために $\arg z$ は一意的に定まっていないことである．1.2 節でも述べたが，例えば $1 + i = \sqrt{2} e^{\frac{\pi}{4} i} = \sqrt{2} e^{\frac{9}{4} \pi i} = \cdots$ であり，(2.35) に従って $\log (1 + i)$ を表すと

$$\log (1 + i) = \log \sqrt{2} + \left(\frac{\pi}{4} + 2n\pi \right) i \qquad (n \text{ は整数})$$

となる．つまり (2.35) は $\log z = \log |z| + i(\arg z + 2n\pi)$（$n$ は整数）という意味である．これまで実数の範囲では，関数とは x の値に対して唯 1 つの関数値 $f(x)$ を対応させるものと考えていたが，複素関数では $z \in \mathbb{C}$ に対して複数の関数値を対応させる多価関数 (multi-valued function) も許すことにする．1 つの $z \in \mathbb{C}$ に対して $f(z)$ が n 個の値をもつとき，この複素関数は n 価であるという．$z(\neq 0)$ の偏角を一般角で測ると無限個の表し方があるので，(2.35) からもわかる通り，<u>対数関数 $\log z$ は $z \neq 0$ のとき無限多価</u>になっている．対数関数を 1 価 (single-valued) にするには偏角 $\arg z$ が一通りに定まればよいので，偏角の測り方に制限をつければよいことがわかる．$-\pi < \arg z < \pi$ という制限のもとで対数関数を考えると 1 価関数になるが，この場合の対数を（対数の）主枝 (principal branch) [15]といい，$\text{Log} \, z$ と表すことにする：

$$\text{Log} \, z = \log |z| + i \arg z, \quad z \neq 0, \ -\pi < \arg z < \pi. \tag{2.36}$$

実数の場合のように，対数を用いると一般の冪が定義でき，$a, b, c \in \mathbb{C}$ の

---

[15]多価な複素関数を 1 価にするには定義域あるいは値域に制約をつけることが必要になる．このとき 1 価となるような値域の各々を枝 (branch) という．

とき
$$a^b := e^{b \log a} \qquad (\text{ただし } a \neq 0) \tag{2.37}$$

と定める．注意すべきことは，b が整数のときは $\log a = \log|a| + i(\arg a + 2n\pi)$ (ただし $-\pi < \arg a \leq \pi$) と $\log a$ 自体は多価であっても $e^{2nb\pi i} = 1$ より

$$a^b = e^{b\{\log|a| + i(\arg a + 2n\pi)\}} = e^{b \log|a|} e^{ib \arg a}$$

から a^b の値は 1 通りに定まる．しかし b が整数でないときは，a^b は一般には多価である．例えば $a \neq 0$ のとき，$\sqrt{a} = a^{\frac{1}{2}} = a^{\frac{1}{2}\log a}$ は 2 つの値をもつ．従って $z \in \mathbb{C}, z \neq 0$ を変数として $f(z) = \sqrt{z}$ を考えると，この関数は 2 価関数である．z の偏角を制限して $-\pi < \arg z < \pi$ とすると $\sqrt{z} = e^{\frac{1}{2}\operatorname{Log} z} = e^{\frac{1}{2}(\log|z| + i \arg z)}$ は 1 価であり，z が正の実数のときは中学校で学んだ z の平方根 $\sqrt{z}$ と一致している．

演習問題 2.18 数学的帰納法を用いて (2.29) を示せ．

演習問題 2.19 $z = 0$ で解析的な $f(z)$ の冪級数展開が $f(z) = \sum_{n=0}^{\infty} a_n z^n$ と $f(z) = \sum_{n=0}^{\infty} b_n z^n$ の 2 通りあったとすると，$a_n = b_n$ $(n = 0, 1, 2\ldots)$ が成立することを示せ．（この事実を<u>冪級数展開の一意性</u>といい，冪級数の係数は (2.30) によって一意に決定されることがわかる．）

演習問題 2.20 (2.31) を利用して，$f(z) = \frac{1}{1-z}$ $(z \neq 1)$ の $z = \frac{1}{2}$ における冪級数展開を求め，その収束半径を求めよ．

演習問題 2.21 n を整数とするとき，$(e^z)^n = e^{nz}$ を命題 2.7 を用いて示せ．また z_1, z_2 を複素数とするとき，$(e^{z_1})^{z_2} = e^{z_1 z_2}$ は一般に成立するか．

演習問題 2.22 $a, b, c \in \mathbb{C}, a \neq 0$ とするとき，「指数法則 $(a^b)^c = a^{bc}, a^b \cdot a^c = a^{b+c}$」は一般には成立しないことを，例を挙げて示せ．

演習問題 2.23 命題 2.9 の証明を与えよ．

演習問題 2.24 p, q を互いに素な自然数とするとき，複素関数 $z^{\frac{q}{p}}$ $(z \neq 0)$ は p 価の関数であることを確認せよ．

第3章

複素積分

　複素平面上に長さが有限の曲線 l が与えられたとき，l の近傍で定義された複素関数の曲線 l に沿う積分を導入する．この積分は多変数関数の微積分で学習する線積分に相当するものである．正則関数の積分については Cauchy の積分定理と Cauchy の積分公式と呼ばれる美しい結果があり，この 2 つの結果を紹介することが本章の目的である．また Cauchy の積分公式を通して，正則関数が解析関数であることも示される．本章では Cauchy の積分定理は Goursat[1] の理論に沿って証明する．

■ 3.1 複素積分

　微積分で学習する閉区間 $[a,b](\subset \mathbb{R})$ 上の有界関数 $g(x)$ の Riemann[2] 積分の復習から始めよう．区間 $[a,b]$ の分割 $\Delta: a = x_0 < x_1 < x_2 < \cdots < x_N = b$ を考え，$\max_{0 \leq k \leq N-1}(x_{k+1} - x_k)$ を分割幅と呼んで $|\Delta|$ と表すことにする．この分割で得られる小区間 $x_k \leq x < x_{k+1}$ ($0 \leq k \leq N-1$) 上に点 ξ_k をとるとき，

$$R(g;\Delta) := \sum_{k=0}^{N-1} g(\xi_k)(x_{k+1} - x_k) \tag{3.1}$$

を"関数 g の分割 Δ に対する Riemann 和"と呼ぶ．この値は点 $\{\xi_k\}_{k=0}^{N-1}$ の取り方にも依存するが，もしも $|\Delta| \to +0$ の極限を考えたときに，点 $\{\xi_k\}$ の取り方に依存しない有限値に収束するとき，$g(x)$ は $[a,b]$ 上で Riemann 積分可能といい，このとき得られる極限値を定積分と呼んで $\int_a^b g(x)\, dx$ と表す：

$$\int_a^b g(x)\, dx = \lim_{|\Delta| \to +0} R(g;\Delta) = \lim_{|\Delta| \to 0} \sum_{k=0}^{N-1} g(\xi_k)(x_{k+1} - x_k).$$

---

[1] グルサ，Édouard Jean-Baptiste Goursat (1858–1936).
[2] リーマン，Georg Friedrich Bernhard Riemann (1826–1866).

例えば $g(x)$ が閉区間 $[a, b]$ 上の連続関数であれば Riemann 積分可能であることが知られている．この Riemann 和 (3.1) に基づく積分の定義を，素朴に，複素関数の場合に適用してみる．

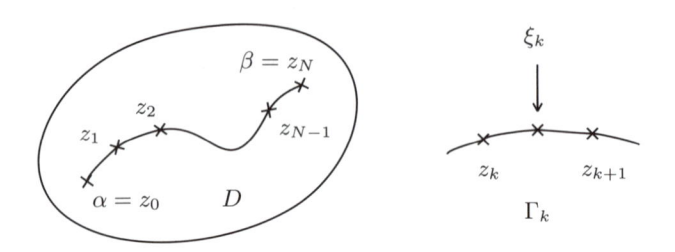

図 3.1 曲線上の節点．

曲線 $l = l(\alpha, \beta)$ を複素平面 $\mathbb{C}$ 上で α を始点とし β を終点とするように向きづけられた（有限な長さの）連続曲線とする．また複素関数 $f(z)$ を l 上の有界関数とする．ここで α から β まで順番に $(N+1)$ 個の節点 $z_0(=\alpha), z_1, \ldots, z_{N-1}, z_N(=\beta)$ をとり，弧 $\widehat{z_k z_{k+1}}$ を Γ_k と表すことにする．$|\Gamma_k|$ で弧 Γ_k の長さを表すこととし，分割幅 $|\Delta|$ を $|\Delta| := \max_{0 \le k \le N-1} |\Gamma_k|$ により定める．次に点 $\{\xi_k\}$ を $\xi_k \in \Gamma_k$ $(0 \le k \le N-1)$ となるようにとり，(3.1) に倣って

$$R(f; \Delta) := \sum_{k=0}^{N-1} f(\xi_k)(z_{k+1} - z_k) \tag{3.2}$$

を考える．

定義 3.1 (**複素積分**)　$l = l(\alpha, \beta)$ を複素平面 $\mathbb{C}$ の有限長の連続曲線とし，$f(z)$ を l 上の有界関数とする．このとき，$|\Delta| \to 0$ のとき，節点 $\{z_k\}_{k=0}^{N-1}$ と分点 $\{\xi_k\}_{k=0}^{N-1}$ の取り方に依存せず $\lim_{|\Delta| \to 0} R(f; \Delta)$ がある有限の値に確定すれば $f(z)$ は $l(\alpha, \beta)$ 上で**複素積分可能**であるといい，ここで得られる極限値を $\int_{l(\alpha, \beta)} f(z)\, dz$ と表す：

$$\int_{l(\alpha, \beta)} f(z)\, dz := \lim_{|\Delta| \to 0} \sum_{k=0}^{N-1} f(\xi_k)(z_{k+1} - z_k). \tag{3.3}$$

3.1 複素積分

本書では $\mathbb{C}$ 上の α を始点として β を終点とする連続曲線は，第 2 章 (2.15) の通り，2 つの実数値関数 $x(t)$ と $y(t)$ を用いて

$$l : z(t) = x(t) + y(t)i \quad (a \leq t \leq b), \ z(a) = \alpha, \ z(b) = \beta \quad (3.4)$$

によって与えられるものとする．この曲線の長さや，(3.3) の極限値によって与えられる複素積分についての精密な議論は次節に譲り，ここでは直観的理解で議論を少し進めることにする．曲線の長さが有限のとき，この曲線は求長可能 (rectifiable) と呼ばれる．<u>曲線 l が滑らか</u>[3]<u>(すなわち (3.4) の $x(t)$ と $y(t)$ が微分可能) で求長可能のとき，$f(z)$ が l 上で連続であれば複素積分可能である</u> という事実を認めて先に進むことにする．複素積分の定義から，次の命題が直ちに得られる．

命題 3.1 $f(z), f_1(z), f_2(z)$ を向きづけられた求長可能な（滑らかな）曲線 $l(\alpha, \beta)$ 上の複素積分可能な関数とするとき，次の (1)–(4) が成立する．

(1) $p, q \in \mathbb{C}$ を定数とするとき，$pf_1(z) + qf_2(z)$ も $l(\alpha, \beta)$ 上で複素積分可能で，

$$\int_{l(\alpha,\beta)} (pf_1(z) + qf_2(z)) \, dz = p \int_{l(\alpha,\beta)} f_1(z) \, dz + q \int_{l(\alpha,\beta)} f_2(z) \, dz.$$

(2) $l(\beta, \alpha)$ を $l(\alpha, \beta)$ の向きづけを逆にした曲線とすると，

$$\int_{l(\beta,\alpha)} f(z) \, dz = - \int_{l(\alpha,\beta)} f(z) \, dz.$$

(3) γ を端点 α, β とは異なる $l(\alpha, \beta)$ 上の点とし，γ によって $l(\alpha, \beta)$ を分割して $l(\alpha, \beta) = l(\alpha, \gamma) \cup l(\gamma, \beta)$ とするとき，

$$\int_{l(\alpha,\beta)} f(z) \, dz = \int_{l(\alpha,\gamma)} f(z) \, dz + \int_{l(\gamma,\beta)} f(z) \, dz.$$

(4) 曲線 $l(\alpha, \beta)$ の長さを $|l|$ と表すとき，

$$\left| \int_{l(\alpha,\beta)} f(z) \, dz \right| \leq |l| \sup_{z \in l(\alpha,\beta)} |f(z)|.$$

---

[3] 次節で述べるが，(3.4) の $x(t), y(t)$ が微分可能である滑らかな曲線は，常に求長可能になっている．

複素積分は (3.3) の極限によって定義されるため，この命題の厳密な証明にはいわゆる ε–δ 論法が必要となる．またこれらの性質は実数の場合の積分の性質と殆ど同じであるが，命題 3.1 (4) については

$$|R(f;\Delta)| \leq \sum_{k=0}^{N-1} |f(\xi_k)| \, |z_{k+1} - z_k| \leq \sup_{z \in l(\alpha,\beta)} |f(z)| \sum_{k=0}^{N-1} |\Gamma_k| \quad (3.5)$$

から得られることに注意しておく．また $f(z)$ が l 上で連続のときは，$\sup_{z \in l(\alpha,\beta)} |f(z)| = \max_{z \in l(\alpha,\beta)} |f(z)|$ が成立する．

$l(\alpha,\beta)$ 上の連続関数列 $\{f_n(z)\}_{n=0}^{\infty}$ が $l(\alpha,\beta)$ 上の連続関数 $f(z)$ に一様収束していれば，

$$\left| \int_{l(\alpha,\beta)} f_n(z)\, dz - \int_{l(\alpha,\beta)} f(z)\, dz \right|$$
$$= \left| \int_{l(\alpha,\beta)} (f_n(z) - f(z))\, dz \right| \quad (命題 3.1(1))$$
$$\leq |l| \max_{z \in l(\alpha,\beta)} |f_n(z) - f(z)| \quad (命題 3.1(4))$$

となるので，$\lim_{n \to \infty} \left| \int_{l(\alpha,\beta)} f_n(z)\, dz - \int_{l(\alpha,\beta)} f(z)\, dz \right| = 0$ となる．これより次の定理が得られる．

> **定理 3.1** $l(\alpha,\beta)$ は求長可能な曲線とする．$l(\alpha,\beta)$ 上で連続関数列 $\{f_n(z)\}_{n=0}^{\infty}$ が連続関数 $f(z)$ に一様収束するとき，
>
> $$\lim_{n \to +\infty} \int_{l(\alpha,\beta)} f_n(z)\, dz = \int_{l(\alpha,\beta)} f(z)\, dz$$
>
> である．

> **系 3.1** D を複素平面 $\mathbb{C}$ の領域とし，$l(\alpha,\beta)$ は D 内の求長可能な曲線とする．このとき，D 上の連続関数列 $\{f_n(z)\}_{n=0}^{\infty}$ が D 上の連続関数 $f(z)$ に広義一様収束していれば
>
> $$\lim_{n \to +\infty} \int_{l(\alpha,\beta)} f_n(z)\, dz = \int_{l(\alpha,\beta)} f(z)\, dz$$
>
> である．

系 3.2 (項別積分) D を複素平面 $\mathbb{C}$ の領域とし，$l(\alpha,\beta)$ を D 内の求長可能な（滑らかな）曲線とする．$\{f_n(z)\}_{n=0}^{\infty}$ を D 上の連続関数列とし，関数項級数 $\sum_{n=0}^{\infty} f_n(z)$ が広義一様絶対収束する列であれば，$\sum_{n=0}^{\infty} f_n(z)$ は $l(\alpha,\beta)$ 上で複素積分可能であり，

$$\int_{l(\alpha,\beta)} \sum_{n=0}^{\infty} f_n(z)\,dz = \sum_{n=0}^{\infty} \int_{l(\alpha,\beta)} f_n(z)\,dz$$

である．

次に複素積分の具体的な計算であるが，詳細は次節に譲るとして，次の定理の成立をここでは認めて計算をしてみよう．

定理 3.2 曲線 $l = l(\alpha,\beta)$ が (3.4) の通り $z(t) = x(t) + y(t)i$ $(a \leq t \leq b)$ で与えられ，$x(t), y(t)$ は微分可能でその導関数 $x'(t), y'(t)$ は $a \leq t \leq b$ 上で連続とする[4]．このとき $f(z)$ が $l(\alpha,\beta)$ 上で連続であれば

$$\int_{l(\alpha,\beta)} f(z)\,dz = \int_a^b f(z(t)) \frac{dz(t)}{dt}\,dt \tag{3.6}$$

$$= \int_a^b f(x(t) + y(t)i)(x'(t) + y'(t)i)\,dt \tag{3.7}$$

が成立する．

(3.7) は微積分で学習する 1 変数の実数関数の積分なので，曲線 l を表示する媒介変数を用いることにより，複素積分がこれまでの知識で容易に計算されることをこの定理は意味している．例えば l を原点を中心とする半径 1 の半円周，

$$l(1,-1) \;:\; z(\theta) = \cos\theta + i\sin\theta \qquad (0 \leq \theta \leq \pi)$$

とするとき，$f(z) = z^n$ （n は非負整数）に定理 3.2 の (3.7) を利用すると，

---

[4] この仮定は，$l(\alpha,\beta)$ が求長可能であることの十分条件にもなっている．

$$\int_{l(1,-1)} z^n \, dz$$
$$= \int_0^\pi (\cos\theta + i\sin\theta)^n(-\sin\theta + i\cos\theta) \, d\theta$$
$$= i\int_0^\pi (\cos\theta + i\sin\theta)^{n+1} \, d\theta$$
$$= i\int_0^\pi \{\cos(n+1)\theta + i\sin(n+1)\theta\} \, d\theta \qquad (\text{de Moivre の公式})$$
$$= \frac{1}{n+1}\bigl((-1)^{n+1} - 1\bigr)$$

となる．次に原点を中心とする半径 r の円周 $C_r = \{\, z \mid |z| = r \,\}$ 上を反時計まわりに $z_0 \in C_r$ から z_0 まで 1 周する場合では，C_r 上の点が $z(\theta) = r(\cos\theta + i\sin\theta)$ $(0 \leq \theta \leq 2\pi)$ と表されるので，

$$\int_{C_r} z^n \, d\theta = \int_0^{2\pi} r^n(\cos\theta + i\sin\theta)^n r(-\sin\theta + i\cos\theta) \, d\theta = 0$$

となる．(この結果は $n \neq -1$ の整数について同様である．) 同じ計算を Euler の関係 (1.14) を用いて

$$C_r \,:\, z(\theta) = re^{i\theta} \qquad (0 \leq \theta \leq 2\pi)$$

とおくと $\frac{d}{d\theta}e^{i\theta} = ie^{i\theta}$ なので，(3.6) を利用すれば

$$\int_{C_r} z^n \, d\theta = \int_0^{2\pi} r^n e^{in\theta}(rie^{i\theta}) \, d\theta = ir^{n+1}\int_0^{2\pi} e^{i(n+1)\theta} \, d\theta = 0$$

となる．ここで始点と終点が一致している閉曲線 C_r を <u>反時計まわりにちょうど 1 周する積分</u> を $\oint$ という記号で表すことにすると，上記の計算結果は

$$\oint_{C_r} z^n \, dz = 0 \quad (n \neq -1) \tag{3.8}$$

と表される．さらにこの話を進めて，原点を中心とする収束半径が $R(>0)$ の冪級数 $\sum_{n=0}^\infty a_n z^n$ を考えると，この級数は半径 R の収束円の内部で広義一様絶対収束している．$0 < r < R$ のとき曲線 C_r 上[5]の積分に項別積分に

---

[5] 半径 r の円周 C_r は有界閉集合でありコンパクト集合であることに注意する．

関する系 3.2 を適用すると，

$$\oint_{C_r}\left(\sum_{n=0}^{\infty} a_n z^n\right) dz = \sum_{n=0}^{\infty} a_n \oint_{C_r} z^n\, dz = 0$$

となる．この計算は後述する Cauchy の積分定理の特別な場合とも考えられる．一方，同じ C_r 上の積分で $f(z) = \frac{1}{z}$ のときは，

$$\oint_{C_r} \frac{1}{z}\, dz = \int_0^{2\pi} \frac{1}{re^{i\theta}}(rie^{i\theta})\, d\theta = i\int_0^{2\pi} d\theta = 2\pi i \tag{3.9}$$

となる．この計算は後述する Cauchy の積分公式の証明において重要な役割を果たす．

向き付けられている求長可能な曲線 $l(\alpha, \beta)$ 上の節点 $\{z_k\}_{k=0}^{N}$ （ただし $z_0 = \alpha, z_N = \beta$）を結んで得られる折れ線を l_N と表すと，l_N も自然に α から β に向かう向きがつけられる．このとき次の定理が成立する．

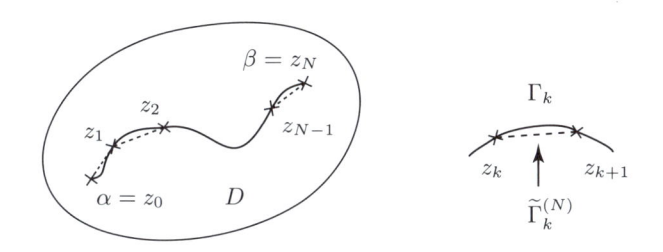

図 3.2　$l(\alpha, \beta)$ の折れ線による近似（点線が折れ線 l_N）．

定理 3.3　D を複素平面 $\mathbb{C}$ の領域とし，$l(\alpha, \beta)$ を D に含まれる求長可能な曲線とする．また $f(z)$ は D 上の連続関数とする．$|\Delta| = \max_{0 \leq k \leq N} |\Gamma_k|$ とするとき

$$\lim_{|\Delta| \to 0} \left| \int_{l(\alpha,\beta)} f(z)\, dz - \int_{l_N} f(\tilde{z})\, d\tilde{z} \right| = 0. \tag{3.10}$$

すなわち，任意の正数 ε に対して，正数 δ が存在し，$|\Delta| < \delta$ を満たす $l(\alpha, \beta)$ の折れ線近似 l_N がとれて

$$\left|\int_{l(\alpha,\beta)} f(z)\,dz - \int_{l_N} f(\tilde{z})\,d\tilde{z}\right| < \varepsilon \tag{3.11}$$

が成立する．（$\tilde{z}$ は折れ線 l_N 上の変数を表している．）

証明 この (3.10) と (3.11) が同値であることを示すことは実は少し丁寧な議論が必要であるが，ここではそのような細かな点には触れずに (3.11) に対して証明を与えておくことにする．曲線 $l(\alpha,\beta)$ に対してこの曲線を含むコンパクト集合 K を D 内にとると，$f(z)$ は K 上で一様連続であり，

$${}^\forall \varepsilon > 0, {}^\exists \delta_1 > 0 \text{ s.t.}$$

$$z, z' \in K \text{ かつ } |z - z'| < \delta_1 \Longrightarrow |f(z) - f(z')| < \frac{\varepsilon}{4|l|} \tag{3.12}$$

となる．なお曲線 l の長さ $|l|$ を用いて $\frac{\varepsilon}{4|l|}$ とすることは，最後の形を美しくするためだけの便宜である．複素積分の定義 (3.3) からは，(3.2) の $R(f;\Delta)$ に対して

$${}^\forall \varepsilon > 0, {}^\exists \delta_2 > 0 \text{ s.t. } |\Delta| < \delta_2 \Longrightarrow \left|\int_{l(\alpha,\beta)} f(z)\,dz - R(f;\Delta)\right| < \frac{\varepsilon}{2}$$

が成立するが，ここで $\xi_k = z_k$ $(0 \leq k \leq N-1)$ としておくと

$$\left|\int_{l(\alpha,\beta)} f(z)\,dz - \sum_{k=0}^{N-1} f(z_k)(z_{k+1} - z_k)\right| < \frac{\varepsilon}{2} \tag{3.13}$$

となる．

l に沿う弧 $\widehat{z_k z_{k+1}}$ を Γ_k と表して図 3.2 のように線分 $z_k z_{k+1}$ を $\tilde{\Gamma}_k^{(N)}$ と表すと，$l_N = \cup_{k=0}^{N-1} \tilde{\Gamma}_k^{(N)}$ であり，(3.13) は

$$\left|\int_{l(\alpha,\beta)} f(z)\,dz - \sum_{k=0}^{N-1} \int_{\tilde{\Gamma}_k^{(N)}} f(z_k)\,d\tilde{z}\right| < \frac{\varepsilon}{2} \tag{3.14}$$

と表すことができる．これらの不等号をつなぎ合わせて結論は導かれるが，分割幅 $|\Delta|$ が十分小さいときは $l_N \subset K$ であってしかも $|l_N| = \sum_{k=0}^{N-1} |\Gamma_k^{(N)}| < 2|l|$[6]とできることに注意しておく．$\delta := \min(\delta_1, \delta_2)$ として $|\Delta| < \delta$ とすると，

---

[6] 3.2 節で詳しく述べるが，$|l_N| \leq |l|$ が成立する．

$$\left|\int_{l(\alpha,\beta)} f(z)\,dz - \int_{l_N} f(\tilde{z})\,d\tilde{z}\right|$$

$$\leq \left|\int_{l(\alpha,\beta)} f(z)\,dz - \sum_{k=0}^{N-1}\int_{\tilde{\Gamma}_k^{(N)}} f(z_k)\,d\tilde{z}\right|$$

$$+ \left|\sum_{k=0}^{N-1}\int_{\tilde{\Gamma}_k^{(N)}} (f(z_k) - f(\tilde{z}))\,d\tilde{z}\right|$$

$$< \frac{\varepsilon}{2} + \sum_{k=0}^{N-1}\left(\max_{\tilde{z}\in\tilde{\Gamma}_k^{(N)}} |f(\tilde{z}) - f(z_k)|\right)\cdot |z_{k+1} - z_k|$$

$$< \frac{\varepsilon}{2} + \frac{\varepsilon}{4|l|} \times 2|l| = \varepsilon.$$

これで (3.11) の成立が証明された. □

 実数の積分では原始関数 (primitive function) を利用して定積分の計算を行ったが,複素関数でもある条件下では形式的には同様の結果が得られる. D を複素平面 $\mathbb{C}$ の領域,$f(z)$ を D 上の連続関数とする. $\alpha, \beta \in D\ (\alpha \neq \beta)$ に対して α を始点として β を終点とする求長可能な曲線を $l(\alpha,\beta)$ とすると,複素積分 $\int_{l(\alpha,\beta)} f(z)\,dz$ の値は一般には積分路 l に依存している. しかし,もしもこの複素積分の値が l の取り方に依存せずに α, β のみから決まるとき,その積分の値を $\int_\alpha^\beta f(z)\,dz$ と表すことにする. 積分の値が α から β までの経路に依存しないと仮定することは大胆なようにも感じるが,Cauchy の積分定理によれば,(単連結) 領域上の正則関数はこの仮定を満たすことがわかる. ここでは原始関数の存在を先に仮定して,以下の形で定理としてまとめておく.

定理 3.4 D を複素平面 $\mathbb{C}$ の領域とし,$f(z)$ は D 上の連続関数とする. このとき,$f(z)$ に対して D 上の 1 価な正則関数 $F(z)$ が存在して $\frac{dF}{dz} = f$ を満たすなら,$\int_\alpha^\beta f(z)\,dz$ を定義することができ,

$$\int_\alpha^\beta f(z)\,dz = F(\beta) - F(\alpha)$$

である.

証明 定理 3.3 に倣い,図 3.2 の記号を用いることにする.$l(\alpha,\beta)$ を α を始点とし β を終点とする求長可能な曲線とすると,定理 3.3 の (3.11) から

$$^\forall \varepsilon > 0, {}^\exists l_N \text{ s.t. } \left| \int_{l(\alpha,\beta)} f(z)\,dz - \int_{l_N} f(\tilde{z})\,d\tilde{z} \right| < \varepsilon \qquad (3.15)$$

が成立する.線分 $z_k z_{k+1}$ は

$$\tilde{\Gamma}_k^{(N)} : z(t) = (1-t)z_k + t z_{k+1} \qquad (0 \leq t \leq 1)$$

と表され,

$$\int_{\tilde{\Gamma}_k^{(N)}} f(\tilde{z})\,d\tilde{z} = \int_0^1 F'(z(t)) z'(t)\,dt$$
$$= \int_0^1 \frac{d}{dt} F(z(t))\,dt = F(z_{k+1}) - F(z_k)$$

より,

$$\int_{l_N} f(\tilde{z})\,d\tilde{z} = \sum_{k=0}^{N} \int_{\tilde{\Gamma}_k^{(N)}} f(\tilde{z})\,d\tilde{z}$$
$$= \sum_{k=0}^{N} \big(F(z_{k+1}) - F(z_k) \big) = F(\beta) - F(\alpha).$$

この計算と (3.15) により,

$$^\forall \varepsilon > 0 \quad \left| \int_{l(\alpha,\beta)} f(z)\,dz - \big(F(\beta) - F(\alpha) \big) \right| < \varepsilon$$
$$\iff \int_{l(\alpha,\beta)} f(z)\,dz = F(\beta) - F(\alpha)$$

であり[7],定理の結論が得られる.□

この定理で仮定した 1 価な正則関数 $F(z)$ を複素関数 $f(z)$ の原始関数というが,実数の積分の場合と違い,原始関数 $F(z)$ が任意の連続関数 $f(z)$ に対して常に存在するわけではない.さらに厄介なことは,同じ $f(z)$ について

---

[7] $z \in \mathbb{C}$ について $z = 0$ であることと,「$^\forall \varepsilon > 0, |z| < \varepsilon$」は同値であることに注意しておく.

も，領域の形状によっては考える部分毎に結果が異なることがある．ただし後述の Cauchy の積分定理によれば，$f(z)$ が D 上の正則関数で，また領域 D に穴があいていない[8]ときには，原始関数が存在することがわかる．

演習問題 3.1 l が $z(t) = t + t^2 i$ $(0 \leq t \leq 1)$ と $z(t) = 1 + e^{i(\theta - \frac{\pi}{2})}$ $(0 \leq \theta \leq \frac{\pi}{2})$ のそれぞれの場合について，複素積分 $\int_l z^n \, dz$ （n は整数）の値を求めよ．

演習問題 3.2 $C_r := \{ z \mid z = re^{i\theta} \ (0 \leq \theta \leq 2\pi) \}$ とするとき，次の複素積分の値を求めよ．

$$(1) \oint_{C_r} e^z \, dz \quad (2) \oint_{C_r} \frac{1}{z^n} \, dz \quad \text{（ただし n は非負整数）}$$

演習問題 3.3 定理 3.1 から系 3.1, 系 3.2 が導かれることを確認せよ．

演習問題 3.4 (3.10) から (3.11) が導かれることを示せ．また (3.11) から (3.10) を導くときにはどういう議論に注意を払うことが必要か．

演習問題 3.5 $D_1 = \{ z \mid |z + 1| < \frac{1}{2} \}$ では，複素積分 $\int_{-1}^{\alpha} \frac{1}{z} \, dz$ $(\alpha \in D_1)$ が定義できる（詳しくは Cauchy の積分定理による）．しかし $D_2 = \{ z \mid \frac{1}{2} < |z| < 2 \}$ とするとき，複素積分 $\int_{-1}^{1} \frac{1}{z} \, dz$ は定義できないことを確認せよ．

3.2 有界変動関数と Stieltjes 積分

本節の内容はやや高度であり，当面は読み飛ばしてもさしつかえない．前節では，曲線の長さも含め，いくつかの事項を認めた上で複素積分の導入を行った．ここでは複素積分が多変数の微積分で学習した**線積分** (curvilinear integral) であることを確認し，その性質を **Stieltjes**[9]積分の立場から説明する．その準備として，**有界変動関数** (function of bounded variation) と呼ばれるクラスの関数の導入から始めることにする．

実数上の閉区間 $[a,b]$ $(a \neq b)$ に対して，その分割 Δ を

$$\Delta : a = t_0 < t_1 < \ldots < t_{N-1} < t_N = b \tag{3.16}$$

とし，分割幅 $|\Delta|$ を $|\Delta| := \max_{0 \leq k \leq N-1} (t_{k+1} - t_k)$ と定める．$\varphi(t)$ を $[a,b]$ 上

---

[8] D が後述する「単連結領域」であることを意味している．D が単連結領域でないときは，「原始関数」という用語の使い方には注意がいる．

[9] スティルチェス，Thomas Joannes Stieltjes(1856–1894).

の有界な実数値関数とするとき，分割 Δ 毎に

$$T_\Delta := \sum_{k=0}^{N-1} |\varphi(t_{k+1}) - \varphi(t_k)| \qquad (3.17)$$

が定まるが，あらゆる分割に対して T_Δ の上限が有限（記号で表すと，Δ を変化させたときに $\sup_\Delta T_\Delta < \infty$）であるとき，$\varphi(t)$ を $[a,b]$ 上の有界変動関数という．またこの上限の値を φ の区間 $[a,b]$ 上の総変動量 (total variation) といい，$V_\varphi[a,b]$ と表す：

$$\text{関数 } \varphi \text{ の } [a,b] \text{ 上での総変動量} \quad V_\varphi[a,b] := \sup_\Delta T_\Delta.$$

φ を $[a,b]$ 上の有界変動関数とし，$c \in (a,b)$ とするとき，φ は $[a,c]$ および $[c,b]$ 上でも有界変動であり，$V_\varphi[a,b] = V_\varphi[a,c] + V_\varphi[c,b]$ が成立する．

有界変動という関数の分類は，これまでの滑らかさ（微分可能性）による関数の分類とは少し事情が異なっている．例えば

$$\varphi_1(t) := \begin{cases} 0 & (0 \leq t \leq 1/2) \\ 1 & (1/2 < t \leq 1) \end{cases}$$

は $[0,1]$ 上の不連続関数ではあるが有界変動関数であり，$V_{\varphi_1}[0,1] = 1$ である．一方

$$\varphi_2(t) := \begin{cases} 0 & (t = 0) \\ \sqrt{t} \sin \dfrac{\pi}{t} & (0 < t \leq 1) \end{cases}$$

は $[0,1]$ 上の連続関数であるが，有界変動関数ではない．実際 $[0,1]$ の分割として

$$\Delta: t_0 = 0, \ t_k = \frac{1}{N-k+\frac{1}{2}} \ (1 \leq k \leq N-1), \ t_N = 1$$

とすると，$\varphi_2(t_0) = \varphi_2(t_N) = 0$ より，

$$T_\Delta = |\varphi_2(t_1)| + \sum_{k=1}^{N-2} |\varphi_2(t_{k+1}) - \varphi_2(t_k)| + |\varphi_2(t_{N-1})|$$

$$\geq \sum_{k=1}^{N-2} \left(\frac{1}{\sqrt{N-k-\frac{1}{2}}} + \frac{1}{\sqrt{N-k+\frac{1}{2}}} \right) \qquad (3.18)$$

3.2 有界変動関数と Stieltjes 積分

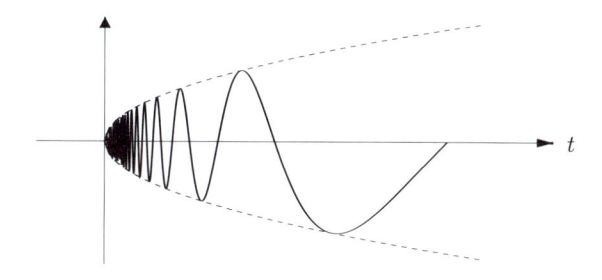

図 3.3 $\varphi_2(t)$ $(t \geq 0)$ のグラフ（点線は $\pm\sqrt{t}$ のグラフ）．

となり，$|\Delta| \to 0$（すなわち $N \to +\infty$）のとき $\lim_{|\Delta|\to 0} T_\Delta = \infty$ となって T_Δ の上限は有限値ではない．有界変動関数であるための十分条件としては，次の命題がわかり易い．

命題 3.2 $\varphi(t)$ が閉区間 $[a,b]$ 上の C^1 級[10]関数であれば，$\varphi(t)$ は $[a,b]$ 上で有界変動である．

証明 仮定より $|\varphi'(t)|$ は閉区間 $[a,b]$ 上で連続であり，最大値 M をもつ．平均値の定理を用いると，(3.16) の分割 Δ に対して $c_k \in [t_k, t_{k+1}]$ $(1 \leq k \leq N-1)$ が存在して

$$|\varphi(t_{k+1}) - \varphi(t_k)| = |\varphi'(c_k)(t_{k+1} - t_k)| \leq M(t_{k+1} - t_k)$$

であり，$T_\Delta = \sum_{k=0}^{N-1} |\varphi(t_{k+1}) - \varphi(t_k)| \leq M(b-a)$．従って $\sup_\Delta T_\Delta$ は有限値である．□

系 3.3 $\varphi(t)$ が閉区間 $[a,b]$ 上の区分的 C^1 級[11]関数であれば，$\varphi(t)$ は $[a,b]$ 上で有界変動である

次に Stieltjes 積分を導入しよう．$f(t), \varphi(t)$ を閉区間 $[a,b]$ 上の有界な実数

---

[10] $\varphi(t)$ が $[a,b]$ 上で C^1 級とは，閉区間 $[a,b]$ で $\varphi'(t)$ が存在し，$\varphi'(t)$ が $[a,b]$ で連続であることをいう．

[11] $\varphi(t)$ が $[a,b]$ 上で区分的 C^1 級関数であるとは，$\{\tau_k\}_{k=1}^m$ を $[a,b]$ 上の有限個の節点とするとき，$\varphi(t)$ は $m+1$ 個の小区間 $[a, \tau_1], [\tau_k, \tau_{k+1}](1 \leq k \leq m-1), [\tau_m, b]$ 上で C^1 級であることを意味する．連続性を別途要求しない場合は，区分的 C^1 級関数は必ずしも連続関数ではない．

値関数とし，Δ は (3.16) で与えられる $[a,b]$ の分割とする．さらにこの分割 Δ に対して $t_k \leq \tau_k < t_{k+1}$ ($0 \leq k \leq N-1$) を満たすように節点 $\{\tau_k\}_{k=0}^{N-1}$ をとり，Riemann 和 (3.1) に倣って

$$R(f,\varphi;\Delta) := \sum_{k=0}^{N-1} f(\tau_k)\bigl(\varphi(t_{k+1}) - \varphi(t_k)\bigr) \tag{3.19}$$

を考える．もしも $|\Delta| \to 0$ のとき，この $R(f,\varphi;\Delta)$ が分割 Δ にも節点 $\{\tau_k\}$ の取り方にも依存しない一定の値に収束するとき，この値を $\int_a^b f(t)\,d\varphi(t)$ と表し Stieltjes 積分と呼ぶ．Stieltjes 積分の存在についての議論は Riemann 積分の場合と殆ど同様であるが，ここではその精細の議論は省略し，次の定理を出発点として議論を進めることにする．

> **定理 3.5** $f(t)$ を $[a,b]$ 上の連続関数，$\varphi(t)$ を $[a,b]$ 上の有界変動関数とすると，Stieltjes 積分 $\int_a^b f(t)\,d\varphi(t)$ は存在する．

この定理をふまえると，Stieltjes 積分の計算に有用な次の定理が得られる．

> **定理 3.6** $f(t)$ を $[a,b]$ 上の連続関数，$\varphi(t)$ を $[a,b]$ 上の C^1 級関数とすると，
>
> $$\int_a^b f(t)\,d\varphi(t) = \int_a^b f(t)\varphi'(t)\,dt \tag{3.20}$$
>
> が成立する．

φ が $[a,b]$ 上の C^1 級関数であれば，命題 3.2 により，$\varphi(t)$ は $[a,b]$ 上の有界変動関数であるので，Stieltjes 積分 $\int_a^b f(t)\,d\varphi(t)$ は存在する．定理 3.2 はこの Stieltjes 積分の値が Riemann 積分 $\int_a^b f(t)\varphi'(t)\,dt$ によって求められることを意味している．

証明 $\varphi'(t)$ は閉区間 $[a,b]$ 上の連続関数なので一様連続である．従って

$${}^\forall \varepsilon > 0, {}^\exists \delta_1 > 0 \text{ s.t. } |s - t| < \delta_1 \Longrightarrow |\varphi'(t) - \varphi'(s)| < \varepsilon \tag{3.21}$$

が成立することにまず注意する．Stieltjes 積分の定義に戻ると，(3.19) より，

3.2 有界変動関数と Stieltjes 積分

$^\forall \varepsilon > 0, ^\exists \delta_2 > 0$ s.t. $|\Delta| < \delta_2 \Longrightarrow$
$$\Big| \int_a^b f(t)\, d\varphi(t) - \sum_{k=0}^{N-1} f(\tau_k)\big(\varphi(t_{k+1}) - \varphi(t_k)\big) \Big| < \varepsilon \tag{3.22}$$

である．ここで命題 3.2 の証明と同様に平均値の定理を用いると，
$$\varphi(t_{k+1}) - \varphi(t_k) = \varphi'(c_k)(t_{k+1} - t_k)$$
$$= \varphi'(\tau_k)(t_{k+1} - t_k) + \big(\varphi'(c_k) - \varphi'(\tau_k)\big)(t_{k+1} - t_k). \tag{3.23}$$

さらに Riemann 積分 $\int_a^b f(t)\varphi'(t)\, dt$ に対しては

$^\forall \varepsilon > 0, ^\exists \delta_3 > 0$ s.t. $|\Delta| < \delta_3 \Longrightarrow$
$$\Big| \int_a^b f(t)\varphi'(t)\, dt - \sum_{k=0}^{N-1} f(\tau_k)\varphi'(\tau_k)(t_{k+1} - t_k) \Big| < \varepsilon \tag{3.24}$$

である．従って $\delta := \min(\delta_1, \delta_2, \delta_3)$ として $|\Delta| < \delta$ とすると，(3.21)–(3.24) より

$$\Big| \int_a^b f(t)\, d\varphi(t) - \int_a^b f(t)\varphi'(t)\, dt \Big|$$
$$\leq \Big| \int_a^b f(t)\, d\varphi(t) - \sum_{k=0}^{N-1} f(\tau_k)\big(\varphi(t_{k+1}) - \varphi(t_k)\big) \Big|$$
$$+ \Big| \sum_{k=0}^{N-1} f(\tau_k)(\varphi(t_{k+1}) - \varphi(t_k)) - \sum_{k=0}^{N-1} f(\tau_k)\varphi'(\tau_k)(t_{k+1} - t_k) \Big|$$
$$+ \Big| \sum_{k=0}^{N-1} f(\tau_k)\varphi'(\tau_k)(t_{k+1} - t_k) - \int_a^b f(t)\varphi'(t)\, dt \Big|$$
$$< \varepsilon + \Big(\max_{t\in[a,b]} |f(t)|\Big)\varepsilon(b-a) + \varepsilon = \Big(2 + (b-a)\max_{t\in[a,b]}|f(t)|\Big)\varepsilon.$$

従って ε の任意性より $\big|\int_a^b f(t)\, d\varphi(t) - \int_a^b f(t)\varphi'(t)\, dt\big| = 0$ が従う．□

曲線の長さも有界変動関数と密接に結びついている．n 次元 Euclid 空間 $\mathbb{R}^n$ の場合から話を始めよう．$x_1(t), \ldots, x_n(t)$ を閉区間 $[a,b]$ 上の実数値連

続関数とするとき,

$$l := \{\, x \in \mathbb{R}^n \mid x = \bigl(x_1(t), x_2(t), \ldots, x_n(t)\bigr)^T,\ t \in [a,b] \,\} \qquad (3.25)$$

で与えられる $\mathbb{R}^n$ の部分集合を ($\mathbb{R}^n$ の) 連続曲線と呼ぶ. このとき分割 (3.16) によって曲線上に $(N+1)$ 個の点 $x_{(k)} := \bigl(x_1(t_k), x_2(t_k), \ldots, x_n(t_k)\bigr)^T$ ($0 \le k \le N$) をとり, 2点 $x_{(k)}$ と $x_{(k+1)}$ を結ぶ線分を $\tilde{\Gamma}_k^{(N)}$ と表す[12]と, 曲線 l は折れ線 $\{\tilde{\Gamma}_k^{(N)}\}_{k=0}^{N-1}$ で近似される. 各線分の長さ $|\tilde{\Gamma}_k^{(N)}|$ は

$$|\tilde{\Gamma}_k^{(N)}| = \sqrt{\sum_{j=1}^n \bigl(x_j(t_{k+1}) - x_j(t_k)\bigr)^2}$$

であるが, これらの線分の長さの総和が (3.16) の分割 Δ をどのようにとっても有界であるとき, l は求長可能 (rectifiable) と呼ばれ, この上限の値を曲線 l の長さという. すなわち

$$\text{① 曲線 } l \text{ が求長可能} \iff \sup_{\Delta} \sum_{k=0}^{N-1} |\tilde{\Gamma}_k^{(N)}| < \infty \qquad (3.26)$$

$$\text{② 曲線 } l \text{ の長さ} : \quad |l| := \sup_{\Delta} \sum_{k=0}^{N-1} |\tilde{\Gamma}_k^{(N)}| \qquad (3.27)$$

このとき, 各 j について $|x_j(t_{k+1}) - x_j(t_k)| \le |\tilde{\Gamma}_k^{(N)}|$ なので

$$\sum_{k=0}^{N-1} |x_j(t_{k+1}) - x_j(t_k)| \le \sum_{k=0}^{N-1} |\tilde{\Gamma}_k^{(N)}| \qquad (1 \le j \le n)$$

であり, (3.17) と (3.26) より, l が求長可能であれば (3.25) の各 $x_j(t)$ ($1 \le j \le n$) は有界変動関数であることがわかる. 逆に折れ線の長さは

$$\sum_{k=0}^{N-1} |\tilde{\Gamma}_k^{(N)}| = \sum_{k=0}^{N-1} \sqrt{\sum_{j=1}^n \bigl(x_j(t_{k+1}) - x_j(t_k)\bigr)^2}$$

$$\le \sum_{j=1}^n \left(\sum_{k=0}^{N-1} |x_j(t_{k+1}) - x_j(t_k)| \right)$$

---

[12] 図 3.2 を参考にするとわかり易い.

である[13] ことから，各 $x_j(t)$ $(1 \leq j \leq n)$ が有界変動であれば，l は求長可能であることがわかる．以上をまとめると，次の命題が得られる．

命題 3.3　(3.25) で与えられる ($\mathbb{R}^n$ の) 連続曲線 l が求長可能であるための必要十分条件は，各 $x_j(t)$ $(1 \leq j \leq n)$ が $[a,b]$ 上の（連続な）有界変動関数であることである．

系 3.4　$x_j(t)$ $(1 \leq j \leq n)$ が $[a,b]$ 上の連続な区分的 C^1 級関数であれば，(3.25) で与えられる連続曲線は求長可能である．

系 3.5　$x_j(t)$ $(1 \leq j \leq n)$ が $[a,b]$ 上の連続な区分的 C^1 級関数のとき，(3.25) で与えられる連続曲線の長さは

$$|l| = \int_a^b \sqrt{\sum_{j=1}^n \left(x_j'(t)\right)^2} \, dt \tag{3.28}$$

である．

複素平面上の場合に限定すれば，連続曲線 $l : z(t) = x(t) + y(t)i$ $(a \leq t \leq b)$ とすると，$x(t)$ と $y(t)$ が共に連続で有界変動な実数値関数であることと l が求長可能であることは同値である．また $x(t), y(t)$ が連続な区分的 C^1 級関数であれば，曲線の長さ $|l|$ は

$$|l| = \int_a^b \sqrt{\left(x'(t)\right)^2 + \left(y'(t)\right)^2} \, dt$$

によって計算される．

微積分で学習する線積分は，(3.25) で与えられる $\mathbb{R}^n$ の曲線 l と，l 上の実数値連続関数 $f(x_1, \ldots, x_n)$ を考え，(3.19) と同様に

$$R(f, x; \Delta) = \sum_{k=0}^{N-1} f(\tau_k)(x_{(k+1)} - x_{(k)}) \tag{3.29}$$

を考えて，この極限により定義される．すなわち線積分は Stieltjes 積分であ

---

[13] $\{a_k\}_{k=1}^N$ を実数列とするとき，$\sqrt{a_1^2 + a_2^2 + \cdots + a_n^2} \leq |a_1| + |a_2| + \cdots + |a_n|$.

り，$x_{(k+1)} - x_{(k)} \in \mathbb{R}^n$ より，$\mathbb{R}^n$-値の積分である[14]．従って定理 3.5 によれば各 $x_j(t)$ $(1 \leq j \leq n)$ が有界変動関数であり $f(t)$ が連続関数のとき線積分 $\int_l f(x)\, dx(t)$ $(\in \mathbb{R}^n)$ は定義され，さらに各 $x_j(t)$ $(1 \leq j \leq n)$ が区分的 C^1 級関数であれば，

$$\int_l f(x)\, dx(t) = \int_a^b f(x_1(t), x_2(t), \ldots, x_n(t)) \frac{dx}{dt} dt \qquad (3.30)$$

により計算される．ここで $\dfrac{dx}{dt} = \left(\dfrac{dx_1}{dt}, \dfrac{dx_2}{dt}, \ldots, \dfrac{dx_n}{dt} \right)^T$ である．

複素平面は，1.2 節でも説明した通り，虚数単位 i を導入して点 $(x,y) \in \mathbb{R}^2$ を $x + yi$ と表している．この記法を考えると，(3.2) の $R(f;\Delta)$ と (3.29) で $n=2$ の場合とは同一内容であることが直ちにわかる．すなわち定義 3.1 で与えた（曲線に沿う）複素積分は被積分関数 $f(z)$ を実部と虚部に分けて考えると $\mathbb{R}^2$ の線積分に他ならず，命題 3.1 などの複素積分の諸性質は線積分の場合と同様に証明される．また定理 3.2 は (3.30) に他ならない．さらに，命題 3.3 により，曲線 l が求長可能であることと $x(t), y(t)$ が共に有界変動であることは同値であるので，求長可能な曲線 l 上の連続関数 $f(z)$ に対して，複素積分 $\int_l f(z)\, dz$ が存在することもわかる．

演習問題 3.6 図 3.3 で与えた $\varphi_2(t)$ 以外に，閉区間 $[0,1]$ 上で連続であって，しかも有界変動ではない関数の例を挙げよ．

演習問題 3.7 (3.25) において各 $x_j(t)$ $(1 \leq j \leq n)$ が有界変動関数のとき，$|l| \leq \sum_{j=1}^n V_{x_j}[a,b]$ であることを示せ．

3.3 Cauchy の積分定理と Cauchy の積分公式

本節では複素関数論の中で最も重要な事項である Cauchy の積分定理と積分公式を説明する．Cauchy の積分定理の証明には幾つかの方法があるが，本節では Goursat による方法に従うことにしよう．

複素平面 $\mathbb{C}$ の連続曲線 l を $l : z(t) = x(t) + y(t)i$ $(t \in [a,b])$ と表すとき，その始点と終点が一致して $z(a) = z(b)$ を満たしていれば，この曲線は閉曲

---

[14] 2 次元の Gauss の発散公式や Green の公式に現れる線積分は"線素による線積分"で，ここで与えている線積分の特別な場合である（→5.3 節）．

3.3 Cauchy の積分定理と Cauchy の積分公式

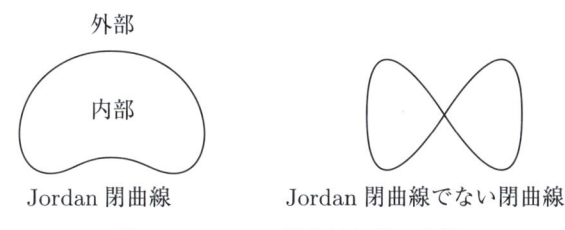

図 3.4 Jordan 閉曲線とその内部.

線 (closed curve) と呼ばれる．さらに閉曲線 l が自分自身との共有点をもたない[15]とき，l を **Jordan**[16]**閉曲線**または**単純閉曲線**という．図 3.4 を見ると，平面は 1 つの Jordan 閉曲線によって囲まれた領域とその外側の 2 つの部分に分けられている．素朴な事実であるが，このことを厳密に証明するのは難しく，次の定理は無条件に認めることにする．

定理 3.7 (**Jordan の曲線定理**) 平面上の Jordan 閉曲線 l は，平面を共有点をもたない 2 つの領域（すなわち連結な開集合）に分け，l がこの 2 つの領域の境界となる．

Jordan 閉曲線 l を境界にもつ領域のうち有界なものを l の**内部** (interior) といい，他方を**外部** (exterior) という．平面上の連結な領域は，その領域に含まれる任意の Jordan 閉曲線を連続的に少しずつ形を縮めていって 1 点にしてしまうことができるとき，**単連結** (simply connected) と呼ばれる．直観的には領域に穴が無い場合を考えればよい．この用語を用いると，1 つの Jordan 閉曲線で囲まれた領域（Jordan 閉曲線の内部の領域）は単連結である．

命題 3.4 (**Goursat**) D を複素平面 $\mathbb{C}$ の領域とし，$f(z)$ は D 上の正則関数とする．$\triangle$ を D に含まれる閉三角形[17]とし，その辺（三角形 $\triangle$ の境界）を $\partial \triangle$ と表すとき，
$$\oint_{\partial \triangle} f(z)\, dz = 0$$
が成立する．ここで $\partial \triangle$ は反時計まわりに向き付けられているものとする．

---

[15] $t_1, t_2 \in (a, b)$ で $t_1 \neq t_2$ のとき $z(t_1) \neq z(t_2)$ が成立すること．
[16] ジョルダン，Camille Jordan (1838–1922).
[17] $\triangle$ が閉三角形とはこの三角形は辺 $\partial \triangle$ も含んでいることを意味する．

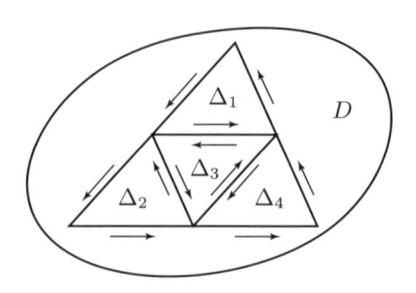

図 3.5 領域 D に含まれる三角形 $\triangle$.

証明 $M := |\oint_{\partial\triangle} f(z)\, dz|$ とおき，$M = 0$ を示す．三角形 $\triangle$ の各辺の中点を結び，$\triangle$ と相似な，お互いに合同な4つの三角形 $\triangle_1, \triangle_2, \triangle_3, \triangle_4$ を作り，それぞれの辺に反時計まわりの向き付けをしておく．同一曲線を反対向きに進むと複素積分の値の符号が変わる（命題 3.1(2)）ので，$\rightarrow$ 方向の積分と $\leftarrow$ 方向の積分は相殺され，

$$\sum_{k=1}^{4} \oint_{\partial\triangle_k} f(z)\, dz = \oint_{\partial\triangle} f(z)\, dz.$$

従って

$$M = \Big|\sum_{k=1}^{4} \oint_{\partial\triangle_k} f(z)\, dz\Big| \leq \sum_{k=1}^{4} \Big|\oint_{\partial\triangle_k} f(z)\, dz\Big|$$

となり，ある k_0 $(1 \leq k_0 \leq 4)$ について

$$\Big|\oint_{\partial\triangle_{k_0}} f(z)\, dz\Big| \geq \frac{M}{4}$$

となる．ここで $\triangle^{(0)} := \triangle, \triangle^{(1)} := \triangle_{k_0}$ とし，$\triangle^{(1)}$ を再び4つの合同な閉三角形に分割して同様の議論をすると，この4つの中のある三角形 $\triangle^{(2)}$ に対して

$$\Big|\oint_{\partial\triangle^{(2)}} f(z)\, dz\Big| \geq \frac{M}{4^2}$$

が成立する．この議論を繰り返すと，相似比が $\frac{1}{2}$ の三角形の列 $\triangle^{(0)} \supset \triangle^{(1)} \supset \triangle^{(2)} \supset \cdots$ がとれて，

$$\Big|\oint_{\partial\triangle^{(m)}} f(z)\, dz\Big| \geq \frac{M}{4^m} \qquad (m = 1, 2, \ldots) \tag{3.31}$$

3.3 Cauchy の積分定理と Cauchy の積分公式

となる．一方で相似比が $\frac{1}{2}$ なので，三角形 $\triangle^{(m)}$ の周長 $|\partial\triangle^{(m)}| = \frac{1}{2^m}|\partial\triangle|$ であり，その 1 辺の長さは $\frac{1}{2^{m+1}}|\partial\triangle|$ より小さくなっている．微積分で学習する区間縮小の場合と同様に，$\mathbb{C}$ の完備性から，全ての閉三角形 $\{\triangle^{(m)}\}$ に共通に含まれる複素数 w が唯 1 つ存在して $w \in \triangle^{(m)}$ $(m = 1, 2, \ldots)$ となるが，$f(z)$ は $z = w$ で正則であることから

$$\forall \varepsilon > 0, \exists \delta > 0 \text{ s.t } |h| < \delta \text{のとき } |f(w+h) - f(w) - f'(w)h| < \varepsilon |h|$$

が成立する．ここでこの ε と δ に対し，M 以上の全ての整数 m に対して $\triangle^{(m)} \subset B_\delta(w)$ となるような正の整数 M が存在することに注意する．すなわち $m \geq M$ であれば $\triangle^{(m)} \subset B_\delta(w)$ であり，$z \in \partial\triangle^{(m)}$ を $z = w + (z-w)$ と表すと $|z - w| < \delta$ が従い，

$$|f(z) - f(w) - f'(w)(z-w)| < \varepsilon |z - w|$$
$$< \varepsilon \times (\,\triangle^{(m)} \text{ の 1 辺の長さ}) \quad (3.32)$$

が成立する．ここで z の 1 次関数 $f'(w)(z-w) + f(w)$ については複素積分の直接計算（→ 演習問題 3.8）によって

$$\oint_{\partial\triangle^{(m)}} \left(f'(w)(z-w) + f(w)\right) dz = 0$$

であるので，$m \geq M$ のとき (3.32) から

$$\left|\oint_{\partial\triangle^{(m)}} f(z)\, dz\right| \leq \frac{\varepsilon |\partial\triangle|}{2^{m+1}} \times \frac{|\partial\triangle|}{2^m} = \frac{|\partial\triangle|^2}{2 \times 4^m}\varepsilon. \quad (3.33)$$

従って (3.31) と (3.33) より

$$\frac{M}{4^m} \leq \left|\oint_{\partial\triangle^{(m)}} f(z)\, dz\right| < \frac{|\partial\triangle|^2}{2 \times 4^m}\varepsilon$$

が得られ，任意の正数 ε に対して $M < \frac{1}{2}\varepsilon|\partial\triangle|^2$ が成立することから，$M = 0$ が従う． □

Ω を多角形とするとき，頂点をうまく選んで線分で結ぶと，Ω は有限個の三角形に分割できる．Ω の内部にある三角形の辺上の積分に命題 3.1(2) を適用すると，内部の辺上の積分は相殺されて，次の命題が得られる．

第3章 複素積分

> **命題 3.5** D を複素平面 $\mathbb{C}$ の領域とし，$f(z)$ は D 上の正則関数とする．Ω は多角形で Ω とその辺 $\partial\Omega$ がともに D に含まれるとき，
> $$\oint_{\partial\Omega} f(z)\,dz = 0$$
> が成立する．

> **定理 3.8** (**Cauchy** の積分定理[18]) D を複素平面 $\mathbb{C}$ の単連結領域とし，$f(z)$ は D 上の正則関数とする．曲線 l を D に含まれる求長可能な Jordan 閉曲線とするとき
> $$\oint_l f(z)\,dz = 0$$
> が成立する．

定理 3.3 によれば，求長可能な曲線 l に沿う複素積分は，ある折れ線 l_N 上の積分で近似されるので，(3.11) に従えば，

$${}^\forall \varepsilon > 0, l \text{ を近似する折れ線 } l_N \text{ が存在して} \left| \oint_l f(z)\,dz - \oint_{l_N} f(z)\,dz \right| < \varepsilon$$

となる．l が閉曲線であるので l_N も始点と終点が一致するようにとれるので，折れ線 l_N も閉曲線と考えてよい．l_N で囲まれる領域が D に含まれる多角形であれば，命題 3.5 より $\oint_{l_N} f(z)\,dz = 0$ であり，$\left| \oint_l f(z)\,dz \right| < \varepsilon$ が成立して定理の結論が得られる．l_N が自分自身との共有点をもって Jordan 閉曲線になっていないときは，l_N が囲む領域は有限個の多角形に分解される．そのそれぞれに命題 3.5 を適用すると $\oint_{l_N} f(z)\,dz = 0$ となるので，再び $\left| \oint_l f(z)\,dz \right| < \varepsilon$ が得られ，定理 3.8 が証明される．これで一件落着と思えるが，l が複雑な形をしているときには折れ線 l_N が領域 D に含まれることは明らかではない．このような精密な議論は数学者に任せるとして，ここでは問題提起に留めて先に進むことにする．

---

[18] ここでは Goursat の結果（命題 3.4）に基づいて理論を展開しているので "Cauchy-Goursat の積分定理" と呼ぶ方が適切かも知れないが，慣例に倣って Cauchy の積分定理としている．また曲線 l を Jordan 閉曲線としたが，一般の求長可能な閉曲線 l に対してこの定理は成立する．

3.3 Cauchy の積分定理と Cauchy の積分公式

2.1 節の最後で注意した通り,「$f(z)$ は閉集合 G 上で正則」というときは, $f(z)$ は <u>G を含むある開集合で定義された正則関数</u> であることを意味している.このことに注意すると,Cauchy の積分定理の系として次の結果が得られる.

> **系 3.6** l を複素平面上の求長可能な Jordan 閉曲線とし,$f(z)$ は l および l の内部で正則な関数とする.このとき
> $$\oint_l f(z)\,dz = 0$$
> が成立する.

3.1 節では原始関数を利用した複素積分の計算を導入したが,これまでの実数の積分の場合と違って,原始関数の存在は明らかではなかった.(→ 演習問題 3.5)しかし Cauchy の積分定理を利用すると,<u>単連結領域上の正則関数については原始関数が存在する</u> ことがわかる.D を単連結な領域とし,$\alpha, z \in D$ とする.$l_1(\alpha, z)$ と $l_2(\alpha, z)$ を α から z に向かう 2 つの求長可能な曲線とし,$l(z, \alpha)$ は z から α に向かう求長可能な曲線で端点以外では $l_1(\alpha, z)$ と $l_2(\alpha, z)$ と共有点をもたないものとする.

$l_k(\alpha, z) \cup l(z, \alpha)$ $(k = 1, 2)$ は求長可能な Jordan 閉曲線なので

$$\oint_{l_k(\alpha,z) \cup l(z,\alpha)} f(\zeta)\,d\zeta = 0$$
$$\iff \int_{l_k(\alpha,z)} f(\zeta)\,d\zeta = -\int_{l(z,\alpha)} f(\zeta)\,d\zeta \qquad (k = 1, 2).$$

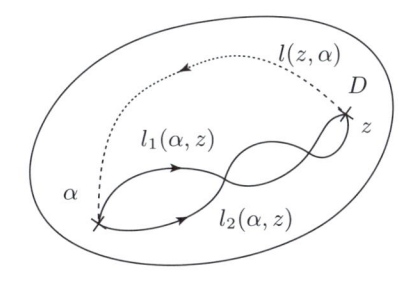

図 3.6 α から z に向かう 2 つの積分路 $l_1(\alpha, z)$ と $l_2(\alpha, z)$.

従って，異なる 2 つの積分路 $l_1(\alpha, z)$ と $l_2(\alpha, z)$ に対して

$$\int_{l_1(\alpha,z)} f(\zeta)\, d\zeta = \int_{l_2(\alpha,z)} f(\zeta)\, d\zeta$$

が成立し，この積分は α から z に向かう積分路に依存しないことがわかる．従って $F(z) := \int_\alpha^z f(\zeta)\, d\zeta$ が定義され，3.1 節の定理 3.4 は次の形になる．

> **定理 3.9** D を単連結領域とし，$f(z)$ を D 上の正則関数とする．このとき $\alpha, z \in D$ に対して
>
> $$F(z) := \int_\alpha^z f(\zeta)\, d\zeta \tag{3.34}$$
>
> が定義され，
>
> $$\int_\alpha^\beta f(z)\, dz = F(\beta) - F(\alpha)$$
>
> が成立する．

次に，l_1 を求長可能な Jordan 閉曲線とし，l_2 は l_1 で囲まれる単連結領域 (l_1 の内部) に含まれる求長可能な Jordan 閉曲線とする．このとき l_1 と l_2 とは共に反時計まわりの向きをつけておくものとする．2 つの Jordan 閉曲線

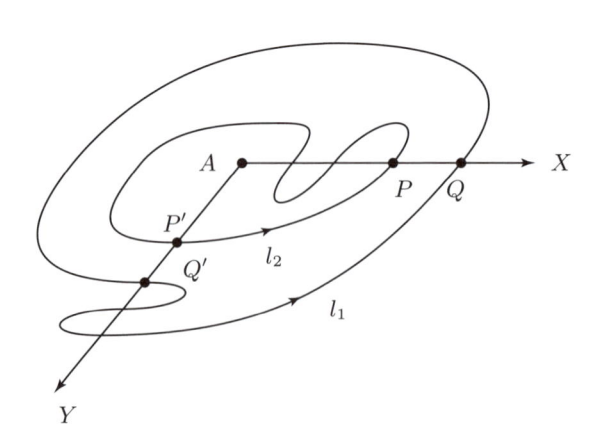

図 3.7　2 つの Jordan 平曲線 l_1 と l_2 とで囲まれた多重連結領域．

3.3 Cauchyの積分定理とCauchyの積分公式

l_1 と l_2 とで囲まれた領域は単連結ではなく，l_1 で囲まれた単連結領域に穴があいたような形状であり，このような領域を**多重連結** (multiply connected) 領域という．$f(z)$ は l_1 と l_2 で囲まれた閉集合上の正則関数とする．ここで l_2 の内部に点 A をとり，A を始点とする 2 本の半直線 AX と AY を考える．必要に応じて半直線 AX と AY は取り直すこととすると，図 3.7 のように半直線 AX は l_1 とも l_2 とも交わるが，l_2 との交点の中でこの半直線が l_2 と最後に交わった点を P とし，l_1 との最初の交点を Q とする．同様に半直線 AY が l_2 と最後に交わった点を P' とし，l_1 と最初に交わる点を Q' とする．l_1 や l_2 が無限回振動するような複雑な形状では P, Q, P', Q' が今のような手順で決まることは自明ではないが，ここでもこのような難しい問題は直感的理解でゴマ化して先に進むことにする．線分 PQ と表すときは P から Q に向かう向きがつけられているとし，弧 $\widehat{QQ'}$ も l_1 上を Q から Q' に向かうことを意味するものとする．このとき

$$L_1 = PQ \cup \widehat{QQ'}(l_1 \text{の方向})$$
$$\cup Q'P' \cup \widehat{P'P}(l_2 \text{の反対方向})$$
$$L_2 = QP \cup \widehat{PP'}(l_2 \text{の反対方向})$$
$$\cup P'Q' \cup \widehat{Q'Q}(l_1 \text{の方向})$$

とすると，L_1, L_2 は共に (反時計まわりに向きづけられた) 求長可能な Jordan 閉曲線である．従って系 3.6 により

$$\oint_{L_1} f(z)\,dz = 0, \qquad \oint_{L_2} f(z)\,dz = 0$$

であるから

$$\oint_{L_1 \cup L_2} f(z)\,dz = 0 \tag{3.35}$$

となる．ところで

$$L_1 \cup L_2 = l_1(\text{反時計まわり}) \cup PQ \cup QP$$
$$\cup P'Q' \cup Q'P' \cup l_2(\text{時計まわり})$$

であり，命 3.1(2) より PQ と $QP, P'Q'$ と $Q'P'$ 上の積分はそれぞれ相殺さ

れるので，(3.35) から

$$\oint_{l_1} f(z)\,dz = \oint_{l_2} f(z)\,dz$$

が導かれる．この結果をまとめると，次の命題が得られる．

> **命題 3.6**　　l_1, l_2 は複素平面上の求長可能な 2 つの Jordan 閉曲線で，その向きづけは同じであるとする．l_1 の内部は l_2 の内部を含み，$f(z)$ は l_1 と l_2 で囲まれた閉集合上の正則関数とすると，
>
> $$\oint_{l_1} f(z)\,dz = \oint_{l_2} f(z)\,dz$$
>
> が成立する．

> **系 3.7**　　$l_0, l_1, l_2, \ldots, l_n$ を同じ向き付けの求長可能な $(n+1)$ 個の Jordan 閉曲線とする．l_k $(1 \leq k \leq n)$ の内部は l_0 の内部に含まれ，$1 \leq k, m \leq n$ に対して l_k と l_m は互いに共通部分をもたないものとする（図 3.8）．このとき $f(z)$ が l_0 および $\{l_k\}_{k=1}^n$ で囲まれた閉集合上で正則であれば，
>
> $$\oint_{l_0} f(z)\,dz = \sum_{k=1}^n \oint_{l_k} f(z)\,dz$$
>
> が成立する．

本節の最後に，今後の議論の基礎となる Cauchy の積分公式について述べることにする．

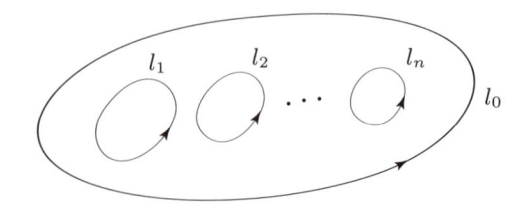

図 3.8　Jordan 閉曲線 l_0 の内部に含まれる n 個の Jordan 閉曲線．

3.3 Cauchy の積分定理と Cauchy の積分公式

定理 3.10 (**Cauchy の積分公式**) l を求長可能な Jordan 閉曲線とし，l で囲まれた領域[19]を D と表す．$f(z)$ が D の閉包 $\bar{D}(= D \cup l)$ 上で正則[20]であれば，$z \in D$ に対して[21]

$$f(z) = \frac{1}{2\pi i} \oint_l \frac{f(\zeta)}{\zeta - z} d\zeta \tag{3.36}$$

が成立する．

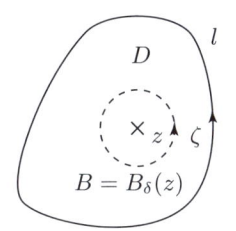

図 3.9 Jordan 閉曲線 l で囲まれる領域 D に含まれる開球 B．

証明 $f(z)$ の連続性から

$$^\forall \varepsilon > 0, {}^\exists \delta > 0 \text{ s.t. } \zeta \in B_\delta(z) \Longrightarrow |f(\zeta) - f(z)| < \varepsilon \tag{3.37}$$

が成立している．正数 r を $r < \delta$ とし，$B := B_r(z)$ とすると，ζ を変数として $\dfrac{f(\zeta)}{\zeta - z}$ は閉集合 $\bar{D}\backslash B$ 上で正則であり，($l_1 = l, l_2 = \partial B$ として) 命題 3.6 の仮定を満たしている．$\zeta \in \partial B$ を $\zeta = z + re^{i\theta}$ $(0 \leq \theta \leq 2\pi)$ と表して (3.9) と同様の計算をすると

$$\begin{aligned}
\oint_l \frac{f(\zeta)}{\zeta - z} d\zeta &= \oint_{\partial B} \frac{f(\zeta)}{\zeta - z} d\zeta \quad (\because \text{命題 3.6}) \\
&= \int_0^{2\pi} \frac{f(z + re^{i\theta})}{re^{i\theta}} (rie^{i\theta}) \, d\theta \\
&= i \int_0^{2\pi} \left(f(z + re^{i\theta}) - f(z) + f(z) \right) d\theta
\end{aligned}$$

---

[19] D が単連結領域であることが本質的である．
[20] l が滑らかな場合は，「$f(z)$ は開集合 D 上で正則で，l まで含めた閉集合 $\bar{D}$ 上で連続であれば，Cauchy の積分公式 (3.36) が成立する」ことが知られているので，この仮定をゆるめることは可能である．
[21] Cauchy の積分公式 (3.36) では，z が開集合 D の内点であることが重要である．

$$= 2\pi i f(z) + i \int_0^{2\pi} \left(f(z+re^{i\theta}) - f(z)\right) d\theta.$$

$r < \delta$ なので (3.37) を利用すると,

$$\left|\oint_l \frac{f(\zeta)}{\zeta - z} d\zeta - 2\pi i f(z)\right| \leq \int_0^{2\pi} |f(z+re^{i\theta}) - f(z)| \, d\theta < 2\pi\varepsilon.$$

ε は任意であったので

$$\oint_l \frac{f(\zeta)}{\zeta - z} d\zeta = 2\pi i f(z)$$

となり，(3.36) が成立する． □

演習問題 3.8 a, b を複素数とし，$\triangle$ を複素平面上の三角形とするとき，$\oint_{\partial\triangle}(az+b)\,dz = 0$ を計算により示せ．

演習問題 3.9 極座標で $r = 2|\sin\theta|$ $(0 \leq \theta \leq 2\pi)$ で表される複素平面上の閉曲線を C と表すとき，複素積分 $\oint_C \dfrac{dz}{z-i}$ の値を求めよ．

演習問題 3.10
(1) 複素平面全体から実軸の非正部分 $(-\infty, 0]$ を除いたものは単連結領域であることを確認せよ．
(2) 複素平面全体から原点 $z = 0$ を除いたものは単連結領域ではないことを確認せよ．
(3) 複素平面全体から $(-\infty, -1] \cup [1, \infty)$ を除いたものは単連結領域か．理由をつけて答えよ．

3.4 複素関数の正則性と解析性

D を複素平面 $\mathbb{C}$ の領域とし，$f(z)$ は D 上の正則関数とする．D は開集合なので D の各点 z に対して正数 r をうまくとると $B := B_r(z) \subset \overline{B_r(z)} \subset D$ を満たす（図 3.9 参照）．このとき Cauchy の積分公式（定理 3.10）より

$$f(z) = \frac{1}{2\pi i} \oint_{\partial B} \frac{f(\zeta)}{\zeta - z} d\zeta, \quad z \in B \tag{3.38}$$

が成立するが，(3.38) の両辺を z で微分すると

$$f'(z) = \frac{1}{2\pi i} \oint_{\partial B} \frac{\partial}{\partial z}\left(\frac{f(\zeta)}{\zeta - z}\right) d\zeta = \frac{1}{2\pi i} \oint_{\partial B} \frac{f(\zeta)}{(\zeta - z)^2} d\zeta, \quad z \in B \tag{3.39}$$

3.4 複素関数の正則性と解析性

$$f''(z) = \frac{1}{2\pi i} \oint_{\partial B} \frac{\partial}{\partial z}\left(\frac{f(\zeta)}{(\zeta-z)^2}\right) d\zeta = \frac{2}{2\pi i} \oint_{\partial B} \frac{f(\zeta)}{(\zeta-z)^3} d\zeta, \ z \in B$$

...

$$f^{(n)}(z) = \frac{n!}{2\pi i} \oint_{\partial B} \frac{f(\zeta)}{(\zeta-z)^{n+1}} d\zeta, \quad z \in B \tag{3.40}$$

が得られる．この結果が正しければ実に驚くべきことで，$f(z)$ は正則性 — すなわち（1 回）微分可能性しか仮定していないのに，(3.40) は $f(z)$ が n 回微分可能であることを示している．またこの n は任意の正整数であるので，$f(z)$ は無限回微分可能ということになる．これは実数の微積分ではあり得なかったことである．(3.39) の成立は

$$\frac{d}{dz}\oint_{\partial B}\frac{f(\zeta)}{\zeta-z}d\zeta = \oint_{\partial B}\frac{\partial}{\partial z}\left(\frac{f(\zeta)}{\zeta-z}\right) d\zeta \tag{3.41}$$

の成立を確認することで，「z で微分する」という極限と「ζ で積分する」という 2 つの極限の順序が交換できるかどうかを調べることに帰着される．この (3.41) の計算が正しければ，順次帰納的に微分の計算を行えば (3.40) が成立することになる．ここでは次の命題を利用することにする．

命題 3.7 D を複素平面 $\mathbb{C}$ の領域とし，Γ を複素平面 $\mathbb{C}$ の求長可能な曲線で，Γ はその両端を含む[22]ものとする．$g(\zeta,z)$ は $(\zeta,z) \in \Gamma \times D$ 上の連続関数で，各 ζ に対して z の正則関数で $\frac{\partial}{\partial z}g(\zeta,z)$ は再び $\Gamma \times D$ 上の連続関数とする．このとき $z \in D$ に対して

$$G(z) := \int_\Gamma g(\zeta,z)\, d\zeta$$

とすると $G(z)$ は z の正則関数で，

$$\frac{d}{dz}G(z) = \int_\Gamma \frac{\partial}{\partial z}g(\zeta,z)\, d\zeta$$

を満たす．

証明 各 $z_0 \in D$ と $h \in \mathbb{C}$ に対して $G(z_0+h) - G(z_0)$ を計算する．まず初めに $\frac{\partial}{\partial z}g(\zeta,z)$ の点 (ζ,z_0) における連続性から

---

[22] これまでも曲線はその両端を含むものと考えていたが，ここでは証明に Γ が（有界な）閉集合であることが必要となるので強調した．Γ が閉曲線の場合は不要である．

$$\forall \varepsilon > 0, \forall \zeta \in \Gamma, \exists \delta_\zeta > 0 \text{ s.t.}$$

$$|h| < \delta_\zeta \Longrightarrow \left|\frac{\partial}{\partial z}g(\zeta, z_0 + h) - \frac{\partial}{\partial z}g(\zeta, z_0)\right| < \varepsilon \tag{3.42}$$

が成立するが，$\delta := \inf_{\zeta \in \Gamma} \delta_\zeta$ とすると，Γ が有界な閉集合であるので $\delta > 0$ となることに注意する．正数 $r(<\delta)$ をうまくとると $B_r(z_0) \subset D$ となるが，ζ を固定して $z \in B_r(z_0)$ で定理3.4を用いると，$|h| < r$ のとき，

$$g(\zeta, z_0 + h) - g(\zeta, z_0) = \int_{z_0}^{z_0+h} \frac{\partial}{\partial z}g(\zeta, z)\,dz$$
$$= \int_l \frac{\partial}{\partial z}g(\zeta, z)\,dz \quad (l \text{ は } z_0 \text{ と } z_0 + h \text{ を結ぶ線分})$$

となる．従って

$$G(z_0 + h) - G(z_0) = \int_\Gamma \left(g(\zeta, z_0 + h) - g(\zeta, z_0)\right) d\zeta$$
$$= \int_\Gamma \left(\int_l \left(\frac{\partial}{\partial z}g(\zeta, z) - \frac{\partial}{\partial z}g(\zeta, z_0) + \frac{\partial}{\partial z}g(\zeta, z_0)\right) dz\right) d\zeta$$
$$= h \int_\Gamma \frac{\partial}{\partial z}g(\zeta, z_0)\,d\zeta + \int_\Gamma \left(\int_l \left(\frac{\partial}{\partial z}g(\zeta, z) - \frac{\partial}{\partial z}g(\zeta, z_0)\right) dz\right) d\zeta.$$

ここで $|h| < r < \delta$ より，(3.42) を利用すると

$$\left|\int_\Gamma \left(\int_l \left(\frac{\partial}{\partial z}g(\zeta, z) - \frac{\partial}{\partial z}g(\zeta, z_0)\right) dz\right) d\zeta\right| < \varepsilon |h||\Gamma|$$

であり，

$$G(z_0 + h) = G(z_0) + h \int_\Gamma \frac{\partial}{\partial z}g(\zeta, z_0)\,d\zeta + o(h)$$

が従う．G は D の各点 z_0 で微分可能であるから D 上正則であり，

$$\frac{d}{dz}G(z) = \int_\Gamma \frac{\partial}{\partial z}g(\zeta, z)\,d\zeta$$

である．□

以上の準備のもとで再び (3.38) に戻ると，$\dfrac{f(\zeta)}{\zeta - z}$ は $(\zeta, z) \in \partial B \times B$ 上で命題3.7の仮定を満たしており，微分と積分の順序交換 (3.41) が成立することがわかる．従って (3.39) および (3.40) が正しいことがわかり，次の定理

3.4 複素関数の正則性と解析性

が得られる．

> **定理 3.11** l を複素平面 $\mathbb{C}$ の求長可能な Jordan 閉曲線で，D を l の内部とする．$f(z)$ が閉包 $\bar{D}(=D\cup l)$ 上で正則であれば $f(z)$ は D 上で無限回微分が可能で，第 n 階導関数 $f^{(n)}(z)$ $(n=1,2,\ldots)$ は D 上正則であって
>
> $$f^{(n)}(z) = \frac{n!}{2\pi i} \oint_l \frac{f(\zeta)}{(\zeta-z)^{n+1}}\, d\zeta, \quad z \in D$$
>
> が成立する．

> **系 3.8** D を複素平面 $\mathbb{C}$ の領域とし，$f(z)$ は D 上の正則関数とする．このとき $f(z)$ は D 上で無限回微分が可能で第 n 階導関数 $f^{(n)}(z)$ $(n=1,2,\ldots)$ も正則である．また $z_0\in D$ に対して半径 r の開球 $B_r(z_0)$ をその閉包 $\bar{B}_r(z_0)$ が D に含まれるようにとると，
>
> $$f^{(n)}(z) = \frac{n!}{2\pi i} \oint_{\partial B_r(z_0)} \frac{f(\zeta)}{(\zeta-z)^{n+1}}\, d\zeta, \quad z \in B_r(z_0) \tag{3.43}$$
>
> が成立する．

等比級数の公式 $1+r+r^2+\cdots+r^n+\cdots = \frac{1}{1-r}$ $(0<r<1)$ を思い出そう．この公式から $w\in\mathbb{C}, |w|<1$ のときには，

$$1+w+w^2+\cdots+w^n+\cdots = \frac{1}{1-w} \quad (w\in\mathbb{C}, |w|<1)$$

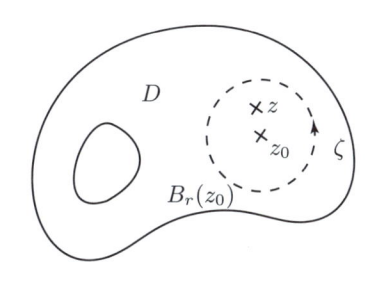

図 3.10 領域 D に含まれる開球 $B_r(z_0)$.

が絶対収束の意味で成立する．(3.38) において $B = B_r(z_0), \zeta \in \partial B, z \in B$ より $|\zeta - z_0| > |z - z_0|$ なので（図 3.10 参照）

$$\frac{1}{\zeta - z} = \frac{1}{(\zeta - z_0)\left(1 - \frac{z-z_0}{\zeta-z_0}\right)} = \frac{1}{\zeta - z_0} \sum_{n=0}^{\infty} \left(\frac{z - z_0}{\zeta - z_0}\right)^n$$

が成立し，この収束は $z \in B$ を止める毎に ζ の級数としては絶対一様収束である．従って 3.1 節の系 3.2 を適用して項別積分を計算すると

$$\oint_{\partial B} \frac{f(\zeta)}{\zeta - z} d\zeta = \oint_{\partial B} \sum_{n=0}^{\infty} \frac{f(\zeta)(z - z_0)^n}{(\zeta - z_0)^{n+1}} d\zeta$$
$$= \sum_{n=0}^{\infty} (z - z_0)^n \oint_{\partial B} \frac{f(\zeta)}{(\zeta - z_0)^{n+1}} d\zeta \quad (3.44)$$

が得られる．ここで

$$a_n := \frac{1}{2\pi i} \oint_{\partial B} \frac{f(\zeta)}{(\zeta - z_0)^{n+1}} d\zeta \quad (n = 0, 1, 2, \ldots) \quad (3.45)$$

とおくと (3.38) と (3.44) より

$$f(z) = \sum_{n=0}^{\infty} a_n (z - z_0)^n \qquad z \in B_r(z_0) \quad (3.46)$$

が得られる．定理 3.11 あるいは系 3.8 だけでも驚くべき結果であったが，この (3.46) はさらに驚異的な結果で，<u>正則関数 $f(z)$ が（z_0 において収束する）冪級数の形で表される</u>ことを示している．第 2 章の定理 2.10 あるいは系 2.2 により解析関数が正則関数であることは既に知っていたが，(3.46) はその逆も成立することを示している．これらの結果を整理すると，次の定理が得られる．

定理 3.12 （正則関数の解析性[23]） D を複素平面 $\mathbb{C}$ の領域とし，$f(z)$ を D 上の複素関数とする．このとき，$f(z)$ が D の各点で正則であることと，各点で解析的であることとは，同値である．

この定理から，領域上の複素関数については"正則"ということばと"解析的"ということばが混同して用いられることもある．実用上は問題はないが，

---
[23] 解析性とは関数が解析関数であるという性質を指す．

さらに進んだ数学を学習しようとする場合は，この 2 つの用語を分けて正しく用いることが望まれる．また (3.43) と (3.45) により $a_n = \dfrac{f^{(n)}(z_0)}{n!}$ ($n = 0, 1, 2, \ldots$) であることがわかり，実は冪級数 (3.46) はよく知られた **Taylor** 展開

$$f(z) = \sum_{n=0}^{\infty} \frac{f^{(n)}(z_0)}{n!}(z - z_0)^n$$

であることもわかる．また (3.43) を利用すると，正則関数および導関数の値の絶対値 (modulus) を評価することも可能となる．

命題 3.8 (**Cauchy の評価式**) D を複素平面 $\mathbb{C}$ の領域とし，$f(z)$ は D 上の正則関数とする．$z_0 \in D$ に対して $B_r(z_0) = \{\, z \mid |z - z_0| < r \,\}$ の閉包 $\bar{B}_r(z_0)$ が D に含まれるとき，$|f(z)|$ の $\partial B_r(z_0)$ 上の最大値を M とすると，

$$|f^{(n)}(z_0)| \leq \frac{n!M}{r^n} \quad (n = 0, 1, 2, \ldots)$$

である[24]．

証明 (3.40) より $|f^{(n)}(z_0)| \leq \dfrac{n!}{2\pi} \left| \oint_{\partial B_r(z_0)} \dfrac{f(\zeta)}{(\zeta - z_0)^{n+1}} \, d\zeta \right|$．ここで命題 3.1(4) とこの命題の仮定を用いると，

$$|f^{(n)}(z_0)| \leq \frac{n!}{2\pi} \cdot \frac{M}{r^{n+1}} \cdot 2\pi r = \frac{Mn!}{r^n}.$$

□

系 3.9 D を複素平面 $\mathbb{C}$ の領域とし，$f(z)$ は D 上の有界な正則関数とする：ある正数 M が存在し，$|f(z)| < M$ とする．このとき $z_0 \in D$ に対して $\bar{B}_r(z_0) \subset D$ となるように正数 r をとるとき，

$$|f^{(n)}(z_0)| \leq \frac{n!M}{r^n} \quad (n = 0, 1, 2, \ldots) \tag{3.47}$$

が成立する．

---

[24] これより Taylor 展開の係数 $\{a_n\}_{n=0}^{\infty}$ に対して $|a_n| \leq \dfrac{M}{r^n}$ ($n \geq 0$) が成立するが，この不等式を "Taylor 係数に対する Cauchy の係数評価式" と呼ぶ．

このCauchyの評価式を利用すると，本書の冒頭で述べた代数学の基本定理（定理1.2）の証明を与えることができる．その準備に，**整関数** (entire function) というクラスの関数を導入する．

> **定義 3.2**（整関数） 複素平面$\mathbb{C}$全体で定義される正則関数を整関数という．

これまでによく現れた多項式 $P_n(z) = a_n z^n + a_{n-1} z^{n-1} + \cdots + a_1 z + a_0$，指数関数 e^z，三角関数[25]$\sin z, \cos z$ 等は全て整関数であるが，$\frac{1}{z}$ は $z \neq 0$ でしか定義されておらず整関数ではない．整関数については次の定理が重要である．

> **定理 3.13** （**Liouville**[26]**の定理**） 有界な整関数は定数に限られる．

証明 仮定より，ある正数 M が存在し，$|f(z)| < M$ を満たしている．任意の正数 ε に対して r が $r > \frac{M}{\varepsilon}$ のとき，各 $z \in \mathbb{C}$ について Cauchy の評価式 (3.47) より $|f'(z)| \leq \frac{M}{r} < \varepsilon$ となり，$f'(z)$ は恒等的に 0 であることがわかる．複素平面 $\mathbb{C}$ で定理 3.9 を用いると，(3.34) より，

$$0 = \int_0^z f'(\zeta) \, d\zeta = f(z) - f(0) \iff f(z) = f(0)$$

であり，$f(z)$ は恒等的に定数 $f(0)$ である．□

この Liouville の定理を利用すると，n 次方程式の根の存在を保証する代数学の基本定理（定理 1.2）が証明される．定理 1.2 に記号を合わせ，$Q_n(z) = b_n z^n + \cdots + b_0 \ (b_n \neq 0)$ とすると，$Q_n(z)$ が整関数であることは既に述べた通りである．もしも $Q_n(z)$ が根をもたないとすると，複素平面全体で $f(z) := \frac{1}{Q_n(z)}$ を考えることができ，この $f(z)$ は $\mathbb{C}$ 全体で微分可能なので $f(z)$ も整関数になっている．ところで

$$|Q_n(z)| \geq |b_n||z|^n \left(1 - \frac{|b_{n-1}|}{|b_n|} \frac{1}{|z|} - \cdots - \frac{|b_0|}{|b_n|} \frac{1}{|z|^n} \right)$$

---

[25] $\sin z$ は実軸の上では有界関数であるが $\mathbb{C}$ 全体では有界ではない．
[26] リウヴィル，Joseph Liouville (1809–1882).

なので[27]，R を十分大きくとっておくと，$|z| > R$ で $|Q_n(z)| \geq 1$ となる．また $|z| \leq R$ では $|f(z)|$ は最大値 M をもつので，$|f(z)| \leq \max(M, 1)$ となり，$f(z)$ は有界な整関数である．Liouville の定理から $f(z)$ は定数となるが，それは多項式 $Q_n(z)$ が定数であることと同値であり，矛盾を生じる．従って $Q_n(z)$ は少なくとも1つ根 $z_1 (\in \mathbb{C})$ をもつことになる．多項式 $Q_n(z)$ を $z - z_1$ で割った商 Q_{n-1} も同様に少なくとも1つの根 $z_2 (\in \mathbb{C})$ をもつので，この議論を n 回繰り返すことから n 次式 $Q_n(z)$ は n 個の根をもつことがわかる．これによって代数学の基本定理は証明された．

本節の最後に，複素関数の正則性について，Cauchy の積分定理（定理 3.8）の逆が成立することに注意しておく．

> **定理 3.14** (**Morera**[28]**の定理**) D を複素平面 $\mathbb{C}$ の領域とし，$f(z)$ を D 上の連続関数とする．D に含まれる全ての求長可能な Jordan 閉曲線 l に対して
> $$\int_l f(z)\,dz = 0$$
> が成立すれば，$f(z)$ は D 上で正則である．

証明 α, z を D の相異なる点とし，$l(\alpha, z)$ を α から z に向かう求長可能な連続曲線とする．（図 3.6 を参考．）定理の仮定から $\int_{l(\alpha,z)} f(\zeta)\,d\zeta$ は $l(\alpha, z)$ に依存しない値として定まるので，関数 $F(z)$ を
$$F(z) := \int_\alpha^z f(\zeta)\,d\zeta$$
により定義する．$f(z)$ の連続性から
$${}^\forall z \in D, {}^\forall \varepsilon > 0, {}^\exists \delta > 0 \text{ s.t. } |h| < \delta \implies |f(z+h) - f(z)| < \varepsilon$$
が成立するので，$|h| < \delta$ のとき z と $z + h$ を結ぶ線分を L_h と表すと

---

[27] 三角不等式 $|z_1 + z_2| \leq |z_1| + |z_2|$ を利用すると，$|z_1| = |(z_1 - z_2) + z_2| \leq |z_1 - z_2| + |z_2|$ であり，$|z_1 - z_2| \geq |z_1| - |z_2|$ が成立する．これは $|z_1 + z_2| \geq |z_1| - |z_2|$ と同じ意味であり，$|z_1 + z_2 + \cdots + z_n| \geq |z_1| - |z_2| - \cdots - |z_n|$ が成立する．ただし $|z_1 - z_2| \geq |z_2| - |z_1|$ も同時に成立することに注意しておく．

[28] モレラ，Giacinto Morera (1856–1909).

$$F(z+h) - F(z) = \int_z^{z+h} f(\zeta)\, d\zeta = \int_{L_h} \bigl(f(\zeta) - f(z)\bigr) d\zeta + f(z)h.$$

従って $|F(z+h) - F(z) - f(z)h| < \varepsilon|h|$ となり $F(z)$ は z で微分可能で $F'(z) = f(z)$ である．z は D の任意の点であったので $F(z)$ は D 上で正則となり，定理 3.11（$n=1$ の場合）より $F'(z) = f(z)$ は D 上で正則であることがわかる．□

演習問題 3.11 次の各 $f(z)$ を指定された a のまわりで Taylor 展開し，その収束半径を求めよ．

(1) $f(z) = e^z \quad (a = i)$, (2) $f(z) = \dfrac{1}{z} \quad (a = 1 + i)$,
(3) $f(z) = \sqrt{z} \quad (a = 1)$

（注意）2.4 節の最後でも説明した通り，(3) の $f(z) = \sqrt{z}$ は 2 価であるが，$a = 1$ で Taylor 展開する（実軸の正の部分を含む）ときには，特に指定の無い限り，$\sqrt{1} = 1$ となる方の枝を考えるものとする．

演習問題 3.12 $D \subset \mathbb{C}$ を領域とし，$f(z)$ を D 上の連続関数とする．D に含まれる任意の閉三角形 $\triangle$ に対して $\oint_{\partial\triangle} f(z)\, dz = 0$ が成立すれば，$f(z)$ は D 上の正則関数であることを示せ．

演習問題 3.13 恒等的に 0 ではない複素関数 $f(z)$ が $z = a$ で正則であって $f(a) = 0$ となるとき，ある正の整数 N と $g(a) \neq 0$ を満たす（$z = a$ で）解析関数 $g(z)$ が存在して $f(z) = (z-a)^N g(z)$ となることを示せ．

■ 3.5 対数関数と逆三角関数

2.4 節においては，指数関数 $z = e^w \ (w \in \mathbb{C})$ の逆関数として対数関数 $w = \log z \ (z \in \mathbb{C}, z \neq 0)$ を定義したが，対数関数の正則性については調べないままになっている．ここでは複素積分を利用して対数関数の再定義を考えると共に，対数関数の正則性についても調べることにする．複素平面 $\mathbb{C}$ から実軸の非正部分 $(-\infty, 0]$ を除いた集合を D_0 とすると，D_0 は単連結領域になっている（→ 演習問題 3.10）．このとき，$(-\infty, 0]$ を複素平面 $\mathbb{C}$ に入れられたカットと呼ぶこともある．以上の準備ののち $f(z) = \frac{1}{z} (z \neq 0)$ を考えると，この関数は単連結領域 D_0 上の正則関数であり，定理 3.9 より

3.5 対数関数と逆三角関数

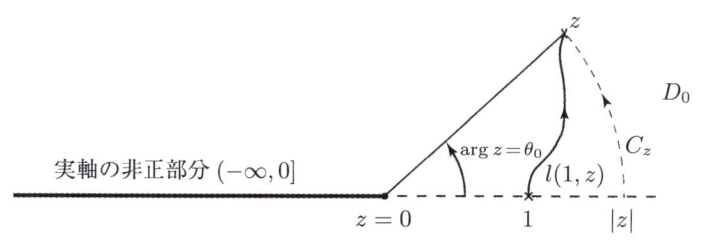

図 3.11 $(-\infty, 0]$ のカットをもつ複素平面.

$$F(z) = \int_1^z f(\zeta)\, d\zeta \quad (z \in D_0) \tag{3.48}$$

を定義することが可能であり，この $F(z)$ は D_0 上で $f(z)$ の原始関数となっていることがわかる．ここで 1 から z に向かう求長可能な曲線を $l(1,z)$ と表し，実軸上の点 $|z|$ から点 z に向かう半径 $|z|$ の円弧を C_z と表すと

$$F(z) = \int_{l(1,z)} f(\zeta)\, d\zeta = \int_{[1,|z|] \cup C_z} f(\zeta)\, d\zeta$$

であり，さらに

$$\begin{aligned}\int_{[1,|z|] \cup C_z} f(\zeta)\, d\zeta &= \int_1^{|z|} \frac{d\zeta}{\zeta} + \int_{C_z} \frac{d\zeta}{\zeta} \\ &= [\log \zeta]_1^{|z|} + \int_0^{\arg z} \frac{i|z|e^{i\theta} d\theta}{|z|e^{i\theta}} \\ &= \log |z| + i \arg z\end{aligned}$$

となり[29]，(3.48) で定義される $F(z)$ は $F(z) = \log |z| + i \arg z$ となる．$z \in D_0$ は $z = 0$ を含まず，$(-\infty, 0]$ というカットによって偏角が制限されて $-\pi < \arg z < \pi$ であるから，$F(z)$ は (2.36) で定義された対数関数の主枝と一致していることがわかる:

$$\int_1^z \frac{d\zeta}{\zeta} = \mathrm{Log}\, z = \log |z| + i \arg z \quad (z \in D_0). \tag{3.49}$$

また定理 3.4 から $F(z)$ は D_0 上の 1 価正則な関数であり，対数関数 $\mathrm{Log}\, z$ は D_0 上の 1 価な正則関数である．すなわち，

$$\frac{d}{dz}(\mathrm{Log}\, z) = \frac{1}{z} \quad (z \in D_0)$$

---

[29] 第 1 項は実数値関数の積分，第 2 項は $\zeta = |z|e^{i\theta}$ を用いる．

である.

複素平面 $\mathbb{C}$ にカット $(-\infty, 0]$ を入れないと，0 でない複素数の偏角は一意的に定まらないので，$\arg z = \theta_0 + 2n\pi$ (ただし $-\pi < \theta_0 \leq \pi$, n は整数) となる．これは図 3.11 で実軸上の点 $|z|$ から点 z に向かう円弧を考えるとき，点 $|z|$ から始まって半径 $|z|$ の円周を n 回まわってから最後に点 z に到達することに相当し，円弧 C_z 上の点を $\zeta = |z|e^{i\theta}$ と表すときに θ は 0 から $\theta_0 + 2n\pi$ まで変化することに対応している．従ってカット $(-\infty, 0]$ を入れないで $\int_1^z \frac{1}{\zeta} d\zeta$ (ただし $z \neq 0$) を考えると，

$$\int_{[1,z] \cup C_z} \frac{d\zeta}{z} = \int_1^{|z|} \frac{d\zeta}{\zeta} + \int_0^{\theta_0 + 2n\pi} \frac{i|z|e^{i\theta}}{|z|e^{i\theta}} d\theta$$
$$= \log|z| + i(\theta_0 + 2n\pi)$$

となり，積分 $\int_1^z \frac{d\zeta}{\zeta}$ の値は多価になることがわかる．これは (2.35) による対数関数 $\log z$ の定義とも一致している．さらに $\log z = \text{Log}\, z + 2n\pi i$ (n は整数) であることから，$\frac{d}{dz}(\log z) = \frac{1}{z}$ ($z \neq 0$) である．

命題 3.9 対数関数の主枝 $\text{Log}\, z$ ($z \in D_0$) は 1 価な正則関数であり，

$$\int_1^z \frac{1}{\zeta} d\zeta = \text{Log}\, z \qquad (z \neq 0, -\pi < \arg z < \pi)$$

が成立する．また z の偏角を制限しないと対数関数 $\log z$ ($z \neq 0$) は多価な正則関数で，正の整数 k に対して

$$\frac{d^k}{dz^k}(\log z) = \frac{(-1)^{k-1}(k-1)!}{z^k}$$

である．

系 3.10 複素平面にカット $(-\infty, 0]$ を入れて z の偏角を測る場合は，$|z - 1| < 1$ のとき，

$$\text{Log}\, z = \int_1^z \frac{1}{\zeta} d\zeta = \sum_{k=1}^{\infty} \frac{(-1)^{k-1}}{k}(z-1)^k$$

である．

実数の対数では，$x_1 > 0$, $x_2 > 0$ のとき，$\log x_1 x_2 = \log x_1 + \log x_2$ が成立

3.5 対数関数と逆三角関数

したが,複素数の場合は一般には $\log z_1 z_2 = \log z_1 + \log z_2$ $(z_1 \neq 0, z_2 \neq 0)$ は成立しない.0 とは異なる複素数 z_1, z_2 を $z_1 = |z_1|e^{i\theta_1}, z_2 = |z_2|e^{i\theta_2}$ (ただし $-\pi < \theta_1, \theta_2 \leq \pi$)とすると,整数 k, m, n に対して

$$\log z_1 = \log|z_1| + i(\theta_1 + 2n\pi)$$
$$\log z_2 = \log|z_2| + i(\theta_2 + 2m\pi)$$
$$\log z_1 z_2 = (\log|z_1| + \log|z_2|) + i(\theta_1 + \theta_2 + 2k\pi)$$

であり,偏角に制限をつけない限りは $\log z_1 z_2 = \log z_1 + \log z_2$ が一般には成立しないことがわかる[30].

命題 2.8 の通り,三角関数は指数関数と密接な関係をもっており,

$$\sin z = \frac{1}{2i}(e^{iz} - e^{-iz}), \quad \cos z = \frac{1}{2}(e^{iz} + e^{-iz})$$

が成立する.これを利用して三角関数の逆関数を求めてみることにする.たとえば cos について考えると,$z = \cos w$ を満たす w を $\arccos z$ と表し,cos の逆三角関数という.このとき,$z = \frac{1}{2}(e^{iw} + e^{-iw})$ より $(e^{iw})^2 - 2ze^{iw} + 1 = 0$.従って $(e^{iw} - z)^2 = z^2 - 1$ から $e^{iw} = z \pm \sqrt{z^2 - 1}$ となり,

$$w = \arccos z = \frac{1}{i}\log(z \pm \sqrt{z^2 - 1}) \tag{3.50}$$

となって $\arccos z$ が多価関数であることがわかる.

最後に**双曲線関数** (hyperbolic function) について述べておく.

$$\sinh z = \frac{1}{2}(e^z - e^{-z}), \quad \cosh z = \frac{1}{2}(e^z + e^{-z}) \qquad (z \in \mathbb{C})$$

で定義される関数を,それぞれ,hyperbolic sine, hyperbolic cosine といい,総称として双曲線関数と呼ばれる[31].$\sinh z$ も $\cosh z$ も共に周期 $2\pi i$ の周期関数である.cosh の逆関数を $w = \text{arccosh}\, z$ と表すと,$z = \cosh w$ より $e^w = z \pm \sqrt{z^2 - 1}$ となり,$\text{arccosh}\, z = \log(z \pm \sqrt{z^2 - 1})$ で多価である.

---

[30] 主枝についても,$\text{Log}\, z_1 z_2 = \text{Log}\, z_1 + \text{Log}\, z_2$ が常に成立するわけではないことに注意しておく.(偏角に制限をつければ成立する.)

[31] hyperbolic tangent は $\tanh z = \frac{\sinh z}{\cosh z} = \frac{e^z - e^{-z}}{e^z + e^{-z}}$ (ただし,$e^z + e^{-z} \neq 0$)であり,周期は πi である.

演習問題 3.14 (3.50) は $\arccos z = \pm i \log\left(z + \sqrt{z^2 - 1}\right)$ と同値であることを確認せよ.

演習問題 3.15 $\sin$ の逆関数については $\arcsin z = i \log\left(-iz \pm \sqrt{1 - z^2}\right)$ が成立することを示せ.

演習問題 3.16 対数関数の主枝を利用すると，整数 n に対して
$$\operatorname{arcsinh} z = n\pi i + (-1)^n \operatorname{Log}\left(z + \sqrt{z^2 + 1}\right),$$
$$\operatorname{arccosh} z = 2n\pi i \pm \operatorname{Log}\left(z + \sqrt{z^2 - 1}\right)$$
が成立することを示せ.

■ 3.6 積分の主値

複素積分の議論を始める前に，1 変数の実数値関数の広義積分について少し復習しておこう．$I = [a, b]$ とし $x_0 \in I$ とするとき，$f(x)$ は x_0 を除いた I 上では連続であるが $\lim_{x \to x_0} |f(x)| = \infty$ であるとき，Riemann 積分 $\int_I f(x)\, dx \left(= \int_a^b f(x)\, dx\right)$ を考えることはできない．$\varepsilon_1, \varepsilon_2$ を正数とすると，仮定より $f(x)$ は $[a, x_0 - \varepsilon_1]$[32]，$[x_0 + \varepsilon_2, b]$ 上では連続であるので Riemann 積分 $\int_a^{x_0 - \varepsilon_1} f(x)\, dx$ および $\int_{x_0 + \varepsilon_2}^b f(x)\, dx$ は共に存在している．このとき，
$$\lim_{\substack{\varepsilon_1 \to +0 \\ \varepsilon_2 \to +0}} \left\{ \int_a^{x_0 - \varepsilon_1} f(x)\, dx + \int_{x_0 + \varepsilon_2}^b f(x)\, dx \right\}\text{[33]} \tag{3.51}$$
が有限の値となるとき，その値を $f(x)$ の I 上での**広義積分** (improper integral) といい，再び $\int_a^b f(x)\, dx$ と表す．広義積分は $x \to x_0$ のときの $|f(x)|$ の増大度によって定義されたり定義されなかったりする．たとえば $x > 0$ で $f_1(x) = \frac{1}{x}$, $f_2(x) = \frac{1}{\sqrt{x}}$ を考えるとき，ともに $\lim_{x \to +0} f_k(x) = \infty$ $(k = 1, 2)$ であるが，両者の比をとって考えると $\lim_{x \to +0} \left(f_1(x)/f_2(x)\right) = \infty$ であり，x が 0 に近づくときに $f_1(x)$ の方が $f_2(x)$ よりも速く増大している．このよう

---
[32] $x_0 = a$ のときは $[a, x_0 - \varepsilon_1]$ は考えず，$[x_0 + \varepsilon_2, b] = [a + \varepsilon_2, b]$ のみを考えればよい．$x_0 = b$ のときは $[x_0 + \varepsilon_2, b]$ を考えない．
[33] 後述する積分の主値と対比するために強調しておくが，(3.51) では ε_1 と ε_2 とはお互いに独立に $\varepsilon_1 \to +0, \varepsilon_2 \to +0$ を考えている．

な増大度と広義積分の存在ついては，次の命題が重要である．

> **命題 3.10**　　s を正の実数とするとき，広義積分 $\int_0^1 x^{-s}\,dx$ は $0 < s < 1$ の場合に限って定義される．

命題 3.10 に従えば，広義積分 $\int_0^1 \frac{1}{\sqrt{x}}\,dx$ は定義されるが $\int_0^1 \frac{1}{x}\,dx$ は定義されず，従って広義積分 $\int_{-1}^1 \frac{1}{\sqrt{|x|}}\,dx$ は定義されるが $\int_{-1}^1 \frac{1}{x}\,dx$ は定義されない．

これに対して，発散量の対称性による相殺を利用して積分を定義するのが積分の主値 (principal value of an integral) である．x_0 を区間 I の内点（すなわち $x_0 \in (a,b)$）とし，正数 ε に対して $B_\varepsilon(x_0) = \{\,x \in \mathbb{R} \mid |x - x_0| < \varepsilon\,\}$ とする．

> **定義 3.3**　(積分の主値)　x_0 を区間 I の内点とし，任意の（十分小さな）正数 ε に対して $f(x)$ は $I \setminus B_\varepsilon(x_0)$ で Riemann 積分可能，すなわち Riemann 積分 $\int_{I \setminus B_\varepsilon(x_0)} f(x)\,dx$[34]は存在するとする．このとき
> $$\lim_{\varepsilon \to +0} \int_{I \setminus B_\varepsilon(x_0)} f(x)\,dx$$
> が有限確定すれば，この値を $\int_I f(x)\,dx$ の主値といい，p.v. $\int_I f(x)\,dx$ と表す：
> $$\text{p.v.} \int_I f(x)\,dx = \lim_{\varepsilon \to +0} \int_{I \setminus B_\varepsilon(x_0)} f(x)\,dx. \tag{3.52}$$ [35]

定義 3.3 で定義される p.v. $\int_I f(x)\,dx$ は **Cauchy** の主値積分と呼ばれることが多い．$I = [-1,1]$ 上で関数 $\frac{1}{x}$ を考える場合，すでに述べた通り広義積分 $\int_{-1}^1 \frac{1}{x}\,dx$ を定義することはできない．しかし
$$\int_{I \setminus B_\varepsilon(0)} \frac{1}{x}\,dx = \int_{-1}^{-\varepsilon} \frac{1}{x}\,dx + \int_\varepsilon^1 \frac{1}{x}\,dx = 0$$
であり，
$$\lim_{\varepsilon \to +0} \int_{I \setminus B_\varepsilon(0)} \frac{1}{x}\,dx = 0$$

---

[34] $\int_{I \setminus B_\varepsilon(x_0)}$ は $\int_a^{x_0-\varepsilon} + \int_{x_0+\varepsilon}^b$ と同じ意味である．
[35] (3.52) は (3.51) において $\varepsilon_1 = \varepsilon_2 = \varepsilon$ として $\varepsilon \to +0$ の極限を考えることと同値である．

であるので，Cauchy の主値積分は定義されて p.v. $\int_{-1}^{1} \frac{1}{x} dx = 0$ である．関数 $\frac{1}{x^2}$ に対しては $[-1, 1]$ 上で広義積分も Cauchy の主値積分も定義できないが，関数 $\frac{1}{x^3}$ については広義積分は定義されないが Cauchy の主値積分は定義され，p.v. $\int_{-1}^{1} \frac{1}{x^3} dx = 0$ である．

C を複素平面上の求長可能な Jordan 閉曲線とし，C で囲まれた（内部の）単連結領域を D^-，外部領域を D^+ とする．このとき $D^- \cap D^+ = \emptyset$ であり，$D^- \cup D^+ \cup C = \mathbb{C}$ である．3.3 節で学習したことから $f(z)$ が $D^- \cup C$ 上の正則関数であれば，

$$\frac{1}{2\pi i} \oint_C \frac{f(\zeta)}{\zeta - z} d\zeta = \begin{cases} f(z), & z \in D^- \quad (\because \text{Cauchy の積分公式}) \\ 0, & z \in D^+ \quad (\because \text{Cauchy の積分定理}) \end{cases} \quad (3.53)$$

が成立する．では，$z \in C$ のときはどうなるか？ Cauchy の主値積分を利用してこの問に答えることが本節の目的である．具体的な計算で検証を進めるため，C が単位円周の場合，すなわち $C : \zeta = e^{i\theta}$ $(0 \leq \theta < 2\pi)$ とすると，$z_0 \in C$ は $z_0 = e^{i\theta_0}$ $(0 \leq \theta_0 < 2\pi)$ と表され，（Stieltjes 積分である）複素積分は定理 3.2 により Riemann 積分に形式的には帰着されて

$$\begin{aligned} \frac{1}{2\pi i} \oint_C \frac{f(\zeta)}{\zeta - z_0} d\zeta &= \frac{1}{2\pi i} \int_0^{2\pi} \frac{f(e^{i\theta})}{e^{i\theta} - e^{i\theta_0}} (ie^{i\theta} d\theta) \\ &= \frac{1}{2\pi} \int_0^{2\pi} \frac{f(e^{i\theta}) e^{i\theta}}{e^{i\theta} - e^{i\theta_0}} d\theta \end{aligned} \quad (3.54)$$

となる．ここで (3.54) の被積分関数は $\theta \neq \theta_0$ では連続であるが，$\theta = \theta_0$ のとき分母が 0 となって発散し，さらに $\lim_{\theta \to \theta_0} \frac{\theta - \theta_0}{e^{i\theta} - e^{i\theta_0}} = -ie^{-i\theta_0}$ $(\neq 0)$ となることから，この積分は命題 3.10 の $s = 1$ の場合に対応することがわかる．従って広義積分として (3.54) を考えることはできず，すなわち

$$\frac{1}{2\pi i} \oint_C \frac{f(\zeta)}{\zeta - z_0} d\zeta \quad (z_0 \in C)$$

を考えることはできない．

次に定義 3.3 に沿ってこの積分の主値を考えることとし，

$$\lim_{\varepsilon \to +0} \int_{C \setminus B_\varepsilon(z_0)} \frac{f(\zeta)}{\zeta - z_0} d\zeta$$

3.6 積分の主値

を計算してみることにする．半径 ε の開球 $B_\varepsilon(z_0)$ の境界 $\partial B_\varepsilon(z_0)$ と内部領域 D^- との共通部分を K_ε^- とする：$K_\varepsilon^- = \partial B_\varepsilon(z_0) \cap D^-$．図 3.12 のような場合には K_ε^- には時計まわりに向きをつけておくと

$$\int_{C \setminus B_\varepsilon(z_0)} \frac{f(\zeta)}{\zeta - z_0}\,d\zeta = \oint_{C \setminus B_\varepsilon(z_0) \cup K_\varepsilon^-} \frac{f(\zeta)}{\zeta - z_0}\,d\zeta - \int_{K_\varepsilon^-} \frac{f(\zeta)}{\zeta - z_0}\,d\zeta$$

となるが，Jordan 閉曲線 $C \setminus B_\varepsilon(z_0) \cup K_\varepsilon^-$ で囲まれた領域では被積分関数の $\frac{f(\zeta)}{\zeta - z_0}$ は ζ の正則関数であり，

$$\oint_{C \setminus B_\varepsilon(z_0) \cup K_\varepsilon^-} \frac{f(\zeta)}{\zeta - z_0}\,d\zeta = 0$$

となる．$\zeta \in K_\varepsilon^-$ は $\zeta = z + \varepsilon e^{i\theta}$ と表されるが，図 3.12 を参考に K_ε^- の両端を $P_\varepsilon = z_0 + \varepsilon e^{i\theta_1}, Q_\varepsilon = z_0 + \varepsilon e^{i\theta_2}$ $(0 \leq \theta_2 < \theta_1 \leq 2\pi)$ とすると，ζ が P_ε から Q_ε に向かって動くとき，θ は θ_1 から θ_2 に動くので，

$$\int_{K_\varepsilon^-} \frac{f(\zeta)}{\zeta - z_0}\,d\zeta = \int_{\theta_1}^{\theta_2} \frac{f(z + \varepsilon e^{i\theta})}{\varepsilon e^{i\theta}}(i\varepsilon e^{i\theta}d\theta)$$
$$= i \int_{\theta_1}^{\theta_2} f(z_0 + \varepsilon e^{i\theta})\,d\theta$$

となる．ここで $\varepsilon \to +0$ の極限を考えると，曲線 C は円弧なので $\theta_2 - \theta_1 \to -\pi$ となり[36]，また f の連続性から $f(z_0 + \varepsilon e^{i\theta}) \to f(z_0)$ となり，この収束は θ に関しては一様である．以上をまとめると，

$$\lim_{\varepsilon \to +0} \int_{C \setminus B_\varepsilon(z_0)} \frac{f(\zeta)}{\zeta - z_0}\,d\zeta = \lim_{\varepsilon \to +0} \left\{ -i \int_{\theta_1}^{\theta_2} f(z_0 + \varepsilon e^{i\theta})d\theta \right\} = \pi i f(z_0).$$

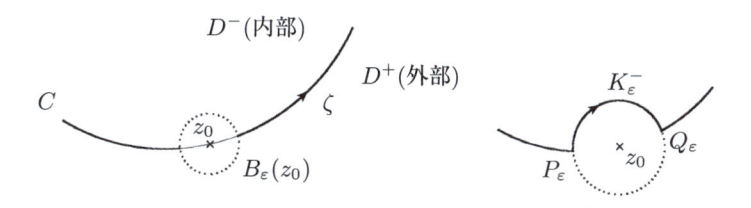

図 3.12 $C \setminus B_\varepsilon(z_0)$ （図中の太い実線）と K_ε^- の向き．

---

[36] $\theta_2 - \theta_1$ は z_0 を始点として $P_\varepsilon, Q_\varepsilon$ を通る 2 本の半直線のなす角であり，点 z_0 での接線が存在すると $\lim_{\varepsilon \to +0}(\theta_2 - \theta_1) = -\pi$ である．

すなわち Cauchy の主値積分が定義され，$z_0 \in C$ に対して

$$\text{p.v.} \int_C \frac{f(\zeta)}{\zeta - z_0} d\zeta = \pi i f(z_0)$$

が成立する．この事実は一般に曲線 C が滑らかで C 上の各点で接線が存在する場合には，全く同様で，次の命題が得られる．なお C に角（かど）があるときは，z_0 が角点の場合は $\theta_2 - \theta_1$ の極限値はその点の角の大きさと一致する．

> **命題 3.11** 曲線 C は求長可能な Jordan 閉曲線で，さらに C は滑らかで C 上の各点では接線が存在するとする．$f(z)$ が C および C で囲まれた領域 D^- で正則であるとき，$z \in C$ に対して
>
> $$\frac{1}{2\pi i} \text{p.v.} \int_C \frac{f(\zeta)}{\zeta - z} d\zeta = \frac{1}{2} f(z)$$
>
> が成立する．

演習問題 3.17 複素平面上の 3 点 $-1, 1, i$ を頂点とする三角形を D とし，複素関数 f は閉集合 $\bar{D}$ 上で正則であるとする．z をこの三角形の辺 ∂D 上の点とするとき，

$$\text{p.v.} \oint_{\partial D} \frac{f(\zeta)}{\zeta - z} d\zeta$$

を計算せよ．

3.7 Cauchy 型積分

複素平面上で異なる 2 点 α, β を両端とする曲線 $l = l(\alpha, \beta)$ は求長可能で，さらに l は自分自身との交わりはないものとする．$w(z)$ を l 上の連続関数とすると

$$F(z) := \int_l \frac{w(\zeta)}{\zeta - z} d\zeta \qquad (z \notin l) \tag{3.55}$$

によって $\mathbb{C} \setminus l$ 上の複素関数が定義される．ここで命題 3.7 を利用すると，$F(z)$ は $\mathbb{C} \setminus l$ 上の正則関数であることがわかる．このとき，(3.55) の右辺の積分は **Cauchy 型積分** (integral of the Cauchy type) と呼ばれ，定理 3.11 と同様の計算により，第 n 階導関数 $F^{(n)}(z)$ は

3.7 Cauchy 型積分

$$F^{(n)}(z) = n! \int_l \frac{w(\zeta)}{(\zeta-z)^{n+1}} \, d\zeta \qquad (z \notin l)$$

により与えられる．以下では $z_0 \in l$ とするとき，極限 $\lim_{z \to z_0} F(z)$[37] がどのようになるかを調べることにする．この極限の計算は，第 5 章に述べる調和関数の詳しい性質についての議論や，物理学における連続体力学などの議論においてしばしば現れるものである．簡単のために l が実軸上の閉区間 $l = [0,1]$ で，w が微分可能な場合に，具体的な計算によって $\lim_{z \to z_0} F(z)$ を求めてみる．$z_0 \in (0,1)$ とし，$z = z_0 + i\varepsilon$ とすると，$z \to z_0$ は $\varepsilon \to 0$ に帰着される．この場合は (3.55) は

$$F(z) = \int_0^1 \frac{w(t)}{t - (z_0 + i\varepsilon)} \, dt \tag{3.56}$$

となる．正数 η を十分小さくとり，$B_\eta(z_0)$[38] $= (z_0 - \eta, z_0 + \eta) \subset [0,1]$ のとき，(3.56) は

$$\begin{aligned}
F(z) &= \int_{[0,1] \setminus B_\eta(z_0)} \frac{w(t)}{t - (z_0 + i\varepsilon)} \, dt + \int_{B_\eta(z_0)} \frac{w(z_0)}{t - (z_0 + i\varepsilon)} \, dt \\
&\quad + \int_{B_\eta(z_0)} \frac{w(t) - w(z_0)}{t - (z_0 + i\varepsilon)} \, dt \\
&= \int_{[0,1] \setminus B_\eta(z_0)} \frac{w(t)}{t - (z_0 + i\varepsilon)} \, dt + w(z_0) \int_{z_0 - \eta}^{z_0 + \eta} \frac{i\varepsilon}{(t - z_0)^2 + \varepsilon^2} \, dt \\
&\quad + w(z_0) \int_{z_0 - \eta}^{z_0 + \eta} \frac{t - z_0}{(t - z_0)^2 + \varepsilon^2} \, dt + \int_{z_0 - \eta}^{z_0 + \eta} \frac{w(t) - w(z_0)}{t - (z_0 + i\varepsilon)} \, dt
\end{aligned} \tag{3.57}$$

となる．この (3.57) の各項は ε にも η にも依存しているので，第 1 項から順に $I_1(\eta, \varepsilon), I_2(\eta, \varepsilon), I_3(\eta, \varepsilon), I_4(\eta, \varepsilon)$ と表すことにすると，$I_3(\eta, \varepsilon) = 0$ であり，また $z \to z_0$ すなわち $\varepsilon \to 0$ のとき

---

[37] 複素平面上で点 z が点 z_0 に近づくとき，l に対して横断的に（すなわち l に接する方向ではない方向から）近づくこととする．

[38] $B_\eta(z_0)$ は複素平面 $\mathbb{C}$ 上で z_0 を中心とする半径 η の開球を表すが，ここでは実軸上だけを考えるために $B_\eta(z_0)$ と実軸との共通部分を考えれば十分なので，$B_\eta(z_0) = (z_0 - \eta, z_0 + \eta)$ としている．

$$I_1(\eta,\varepsilon) \to \int_{[0,1]\setminus B_\eta(z_0)} \frac{w(t)}{t-z_0}\,dt \tag{3.58}$$

であることが直ちにわかる．$I_2(\eta,\varepsilon)$ については $t-z_0=\varepsilon\tan\theta$ とおいて置換積分の計算を行うと，$dt=\varepsilon\sec^2\theta\,d\theta$ より

$$I_2(\eta,\varepsilon) = 2w(z_0)\,i\int_0^{\mathrm{Tan}^{-1}(\eta/\varepsilon)} \frac{\varepsilon^2\sec^2\theta}{\varepsilon^2(\tan^2\theta+1)}\,d\theta = 2\Big(\mathrm{Tan}^{-1}\frac{\eta}{\varepsilon}\Big)w(z_0)\,i$$

となり，$\varepsilon\to+0$ のときは $I_2(\eta,\varepsilon)\to\pi w(z_0)i$ であり，$\varepsilon\to-0$ のときは $I_2(\eta,\varepsilon)\to-\pi w(z_0)i$ となる．さらに w の微分可能性から $M=\max\limits_{t\in[0,1]}|w'(t)|$ とすると $|w(t)-w(z_0)|\le M|t-z_0|$ であり，

$$|I_4(\eta,\varepsilon)| \le \int_{z_0-\eta}^{z_0+\eta} \frac{|w(t)-w(z_0)|}{|t-(z_0+i\varepsilon)|}\,dt \le \int_{z_0-\eta}^{z_0+\eta} \frac{M|t-z_0|}{\sqrt{(t-z_0)^2+\varepsilon^2}}\,dt \tag{3.59}$$

が得られ，$\varepsilon\to 0$ のとき $I_4(\eta,\varepsilon)\to I_4(\eta,0)$ となることがわかる．従って（横断的に）$z\to z_0$ すなわち $\varepsilon\to\pm 0$ のとき，

$$\lim_{z\to z_0} F(z) = I_1(\eta,0) \pm \pi w(z_0)i + 0 + I_4(\eta,0)$$

が任意の正数 η に対して成立することがわかり，

$$\lim_{z\to z_0} F(z) = \pm\pi w(z_0)i + \lim_{\eta\to+0}\Big(I_1(\eta,0)+I_4(\eta,0)\Big) \tag{3.60}$$

が得られる．$\pm$ は $\varepsilon\to\pm 0$ に対応して複号同順である．ここで主値積分の定義 3.3 の (3.52) を利用すると，

$$\lim_{\eta\to+0} I_1(\eta,0) = \mathrm{p.v.}\int_0^1 \frac{w(t)}{t-z_0}\,dt$$

であり，また $\lim\limits_{\eta\to+0} I_4(\eta,0)=0$ も容易にわかるので (3.60) が計算されて，

$$\lim_{z\to z_0} F(z) = \pm\pi w(z_0)i + \mathrm{p.v.}\int_0^1 \frac{w(t)}{t-z_0}\,dt \tag{3.61}$$

が得られる．(3.61) に現れる複号 $\pm$ は $\varepsilon\to+0,\varepsilon\to-0$ すなわち z が上半平面 ($\mathrm{Im}\,z>0$) で z_0 に近づく場合と，z が下半平面 ($\mathrm{Im}\,z<0$) で z_0 に近づ

く場合に対応している．以上の計算をまとめると，次の命題が得られる．

命題 3.12　　関数 $w(t) \in C^1[0,1]$[39] に対して，Cauchy 型積分
$$F(z) = \int_0^1 \frac{w(\zeta)}{\zeta - z}\,d\zeta \qquad (z \notin [0,1])$$
により $F(z)$ を定義する．このとき $z_0 \in (0,1)$ とすると
$$\lim_{z \downarrow z_0} F(z) + \lim_{z \uparrow z_0} F(z) = 2\,\mathrm{p.v.} \int_0^1 \frac{w(\zeta)}{\zeta - z_0}\,d\zeta$$
$$\lim_{z \downarrow z_0} F(z) - \lim_{z \uparrow z_0} F(z) = 2\pi i\, w(z_0)$$
である．ただし $z \downarrow z_0$ は z が上半平面にあって（実軸上の）z_0 に近づく極限を表し，$z \uparrow z_0$ は z が下半平面にあって（実軸上の）z_0 に近づく極限を表すものとする．

この命題を一般化したものが **Plemelj** [40]の公式である．$l = l(\alpha, \beta)$ は点 α と点 β を両端とする曲線で，図 3.13 のようにある滑らかな Jordan 閉曲線 L の一部（または全体[41]）であり，Jordan 閉曲線 L を左回り（反時計回り）するように l には向きづけられているとする．l 上の連続関数 w に対して，

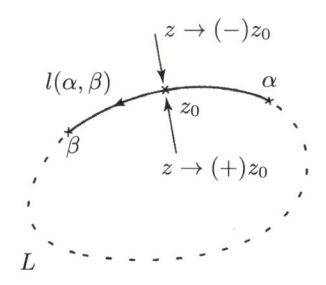

図 **3.13**　Jordan 閉曲線 L と曲線 $l = l(\alpha, \beta)$．

---
[39] C^1 級の関数は，微分可能であって導関数が連続であることから 1 階連続的微分可能な関数とも呼ばれる．
[40] プレメリ，Josip Plemelj (1873–1967).
[41] $l(\alpha, \beta)$ が Jordan 閉曲線 L の全体のときは $\alpha = \beta$ で，l の端点はなくなる．

Cauchy 型積分 (3.55) により $F(z)$ を定義するとき，次の定理が成立する．

> **定理 3.15**　(**Plemelj の公式**)　w を曲線 l 上の 1 階連続的微分可能な関数とする[42]．$l(\alpha, \beta)$ から両端を除いたものを $\mathring{l}$ と表し，$z_0 \in \mathring{l}$ とする．さらに $z \notin l(\alpha, \beta)$ が複素平面上で（横断的に）z_0 に近づく極限を考えるとき，z が Jordan 閉曲線 L で囲まれた領域の内部から z_0 に近づく極限を $z \to (+)z_0$ と表し，外部から z_0 に近づく極限を $z \to (-)z_0$ と表す（図 3.13 参照）とき，
>
> $$\lim_{z \to (+)z_0} F(z) - \lim_{z \to (-)z_0} F(z) = 2\pi i\, w(z_0)$$
> $$\lim_{z \to (+)z_0} F(z) + \lim_{z \to (-)z_0} F(z) = 2\,\mathrm{p.v.} \int_l \frac{w(\zeta)}{\zeta - z_0}\, d\zeta$$
>
> が成立する．

Plemelj の公式の証明は，命題 3.12 の $l = [0, 1]$ の場合の計算と本質的には全く同じであるが，煩雑になるのでここでは省略することにする．

演習問題 3.18　$\displaystyle\lim_{z \to i} \oint_{|\zeta|=1} \frac{d\zeta}{\zeta(\zeta - z)}$ を計算せよ．
（z が単位円周 $|\zeta| = 1$ の内側から i に近づく場合と，外側から近づく場合とに分けて計算せよ．）

演習問題 3.19　(3.59) の評価から $\displaystyle\lim_{\varepsilon \to +0} I_4(\eta, \varepsilon) = I_4(\eta, 0)$ が従うことを証明せよ．（積分と $\varepsilon \to +0$ の極限の順序交換ができることを確認せよ[43]．）

---

[42] 曲線 l をパラメータ t を用いて表したとき，w も t の関数として表されるので，t を変数として微分可能性を考える．ただし，Plemelj の公式では w は Hölder（ヘルダー）連続，すなわち $|w(t) - w(s)| \leq C|t - s|^\alpha$ ($0 < \alpha < 1$) を満たしていれば十分であることが知られている．

[43] Lebesgue（ルベーグ）積分の理論に従うと，(3.59) の評価から直ちに Lebesgue の収束定理の適用を考えれば自明であるが，ここでは Riemann 積分の枠内で極限の順序交換を考えてみよ．

第4章

留数と積分

　これまでは複素関数の正則性および解析性に焦点をあてて議論を進めてきたが，本節では複素関数が正則とはならない点の近傍での挙動を調べる．この場合は Taylor 展開ではなく，$\sum_{n=-\infty}^{\infty} a_n(z-a)^n$ という負の冪も含めた Laurent 展開と呼ばれる形に展開されるが，このときの係数 a_{-1} は留数と呼ばれる量に一致し，実数値関数の定積分の計算においても有用である．特に断わらないときは，扱う正則関数 $f(z)$ は1価であるとする．

4.1 Laurent[1]展開

　複素平面で a を中心とする半径 R の開球 $B_R(a)$ を考え，$f(z)$ は a を除いて $B_R(a)$ で1価な正則関数[2]とする．正数 R_1, R_2 を $0 < R_1 < R_2 < R$ となるようにとり，半径 R_1, R_2 の円周をそれぞれ C_1, C_2 と表す．点 a を始点とする半直線と C_1, C_2 との交点を P_1, P_2 とすると，C_1 と C_2 とで囲まれた

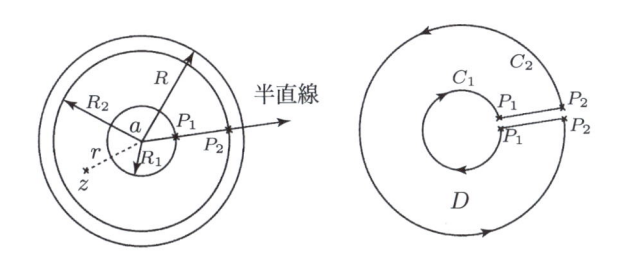

図 4.1　開球 $B_R(a)$ に含まれる同心円領域.

---

[1] ローラン，Pierre Alphonse Laurent (1813–1854).
[2] $f(z)$ は $B_R(a) \setminus \{a\}$ で1価正則，あるいは $0 < |z-a| < R$ で1価正則という言い方もできる．

領域に線分 P_1P_2 を加えて形式的に分割することより，($C_1 \cup P_1P_2 \cup C_2 \cup P_2P_1$ で囲まれた）単連結領域 D を考えることができる（図 4.1）．$z \in D$ とし，この単連結領域 D で Cauchy の積分公式を用いると，

$$f(z) = \frac{1}{2\pi i} \oint_{\partial D} \frac{f(\zeta)}{\zeta - z} d\zeta$$
$$= \frac{1}{2\pi i} \left\{ \oint_{C_2} \frac{f(\zeta)}{\zeta - z} d\zeta + \int_{P_2P_1} \frac{f(\zeta)}{\zeta - z} d\zeta + \oint_{C_1} \frac{f(\zeta)}{\zeta - z} d\zeta + \int_{P_1P_2} \frac{f(\zeta)}{\zeta - z} d\zeta \right\}$$
$$= \frac{1}{2\pi i} \oint_{C_2} \frac{f(\zeta)}{\zeta - z} d\zeta - \frac{1}{2\pi i} \oint_{C_1} \frac{f(\zeta)}{\zeta - z} d\zeta \qquad (4.1)$$

が得られる[3]．この (4.1) の右辺第 1 項を $F_2(z)$，第 2 項を $F_1(z)$ と表すと，

$$F_1(z) = -\frac{1}{2\pi i} \oint_{C_1} \frac{f(\zeta)}{(\zeta - a) - (z - a)} d\zeta$$
$$= \frac{1}{2\pi i} \cdot \frac{1}{z - a} \oint_{C_1} \frac{f(\zeta)}{1 - \frac{\zeta - a}{z - a}} d\zeta$$

となる．$\zeta \in C_1$ より $|\zeta - a| < |z - a|$ であり，ζ の無限級数

$$\sum_{n=0}^{\infty} \left(\frac{\zeta - a}{z - a} \right)^n$$

は（$\zeta \in C_1$ に関して）絶対一様収束しているので，(3.44) を導出した場合と同様の計算によって，

$$F_1(z) = \sum_{n=1}^{\infty} \left(\frac{1}{2\pi i} \oint_{C_1} f(\zeta)(\zeta - a)^{n-1} d\zeta \right) \frac{1}{(z - a)^n} \qquad (4.2)$$

が成立する．同様に $F_2(z)$ については $\zeta \in C_2$ に対して $|\zeta - a| > |z - a|$ に注意すると，

$$F_2(z) = \sum_{n=0}^{\infty} \left(\frac{1}{2\pi i} \oint_{C_2} \frac{f(\zeta)}{(\zeta - a)^{n+1}} d\zeta \right) (z - a)^n \qquad (4.3)$$

が成立する．ここで $R_1 < r < R_2$ として (4.2) の被積分関数に注目すると，$f(\zeta)(\zeta - a)^{n-1}$ $(n \geq 1)$ は C_1 と円周 $|\zeta - a| = r$ とで囲まれた閉集合上の

---

[3] 曲線 C_1, C_2 に沿う積分の向きに注意すること．矢印のついていない場合は，その曲線を反時計まわりに 1 周する積分である．

(ζ の) 正則関数であるから, 命題 3.6 を用いて

$$\oint_{C_1} f(\zeta)(\zeta-a)^{n-1}\,d\zeta = \oint_{|\zeta-a|=r} f(\zeta)(\zeta-a)^{n-1}\,d\zeta \qquad (4.4)$$

が得られる. 同様に (4.3) の $\dfrac{f(\zeta)}{(\zeta-a)^{n+1}}$ $(n \geq 0)$ は C_2 と円周 $|\zeta-a|=r$ で囲まれた閉集合上で (ζ の) 正則関数であることから,

$$\oint_{C_2} \frac{f(\zeta)}{(\zeta-a)^{n+1}}\,d\zeta = \oint_{|\zeta-a|=r} \frac{f(\zeta)}{(\zeta-a)^{n+1}}\,d\zeta \qquad (4.5)$$

となる. 従って (4.1)–(4.5) より, z が 2 つの円周 C_1 と C_2 とに囲まれる開集合に含まれるとき,

$$f(z) = \sum_{n=-\infty}^{\infty} \left(\frac{1}{2\pi i} \oint_{|\zeta-a|=r} \frac{f(\zeta)}{(\zeta-a)^{n+1}}\,d\zeta \right)(z-a)^n$$

が成立する. 以上の内容を定理としてまとめると次のようになる.

定理 4.1 $f(z)$ を複素平面上の同心円環 $0 < R_1 \leq |z-a| \leq R_2$ [4] 上の 1 価な正則関数[5]とし, $R_1 < r < R_2$ とする. このとき

$$a_n = \frac{1}{2\pi i} \oint_{|\zeta-a|=r} \frac{f(\zeta)}{(\zeta-a)^{n+1}}\,d\zeta \quad (n = 0, \pm 1, \pm 2, \dots) \qquad (4.6)$$

と定めると

$$f(z) = \sum_{n=-\infty}^{\infty} a_n (z-a)^n \qquad (4.7)$$

の形に一意的に展開される. またこの級数は $R_1 < |z-a| < R_2$ 上で広義一様絶対収束している.

---

a を中心とする同心円環上の 1 価な正則関数 $f(z)$ に対して, (4.7) で与えられる冪級数をこの $f(z)$ の **Laurent** 展開 (Laurent expansion) といい, ここに現れる係数 $\{a_n\}_{n=-\infty}^{\infty}$ を $f(z)$ の Laurent 係数という. Laurent 係数に対しても, 3.4 節で示した "Taylor 係数に対する Cauchy の係数評価式" と

---

[4] $R_1 = 0$ の場合で $f(z)$ が $0 < |z-a| \leq R_2$ 上の正則関数のときも, この定理は成立する.
[5] 例えば $0 < |z| < R$ で多価となる $\log z$ や $\sqrt{z}$ 等は対象となっていない.

同様の次の評価が成立する．z が a を中心とする半径 r ($R_1 < r < R_2$) の円周上にあるときは $z = a + re^{i\theta}$ ($0 \leq \theta \leq 2\pi$) と表されるが，この円周上で Laurent 展開 (4.7) は絶対一様収束をしているので

$$|f(z)|^2 = f(z)\overline{f(z)} = \sum_{m,n=-\infty}^{\infty} a_n \overline{a_m} r^{m+n} e^{i(n-m)\theta} \tag{4.8}$$

が成立する．等式 (4.8) をこの円周に沿って θ で積分すると

$$\int_0^{2\pi} |f(z)|^2 \, d\theta = 2\pi \sum_{n=-\infty}^{\infty} |a_n|^2 r^{2n} \tag{4.9}$$

が得られる．従って $|f(z)|$ の円周 $|z - a| = r$ 上での最大値を M_r と表すと，$2\pi M_r^2 \geq 2\pi \sum_{n=-\infty}^{\infty} |a_n|^2 r^{2n}$ となるので，

$$|a_n| \leq \frac{M_r}{r^n} \quad (n = 0, \pm 1, \pm 2, \dots) \tag{4.10}$$

が成立する[6]．

1 価な複素関数 $f(z)$ が $0 < |z - a| < R$ では正則であるが $|z - a| < R$ では正則とはならないとき，点 a を $f(z)$ の**孤立特異点** (isolated singularity) という．このとき $f(z)$ の Laurent 展開を $z - a$ の冪が負の部分と非負の部分の 2 つに分け，

$$f(z) = \sum_{n=1}^{\infty} \frac{a_{-n}}{(z-a)^n} + \sum_{n=0}^{\infty} a_n (z-a)^n$$

と表すとき，冪が負である $\sum_{n=1}^{\infty} \dfrac{a_{-n}}{(z-a)^n}$ を Laurent 展開の**主部** (principal part) という．主部については次の 3 つの場合が考えられる．

ケース I: $a_{-n} = 0$ ($n = 1, 2, \dots$) の場合

この場合は Laurent 展開の主部は実質的には無く，$\lim_{z \to a} f(z) = f(a)$ と定めることによって，$f(z)$ は $|z - a| < R$ の正則関数となる．従って表面的に

---

[6] 非負の実数列 $\{\alpha_n\}$ が $\sum_{n=1}^{\infty} \alpha_n \leq 1$ のとき，全ての n について $\alpha_n \leq 1$ が成立することに注意する．

は現れる特異点を実質的には無視することができるので、この場合の特異点を除去可能 (removable) な特異点と呼ぶ。例えば $f(z) = \dfrac{\sin z}{z}$ を $z = 0$ の近傍で考えるとき、(分母) $\neq 0$ から $z \neq 0$ で $f(z)$ を考えるべきであり、形式的には $z = 0$ は孤立特異点になっている。しかし $f(z)$ の Laurent 展開は

$$f(z) = 1 - \frac{z^2}{3!} + \frac{z^4}{5!} - \frac{z^6}{7!} + \cdots$$

でその主部はなく、$z = 0$ は除去可能な特異点である。また $f(0) = 1$ と定義することで、この $f(z)$ は $z = 0$ も含めて正則な関数である。

ケース II: 有限個の n を除いて $a_{-n} = 0$ の場合

この場合はある正の整数 N が存在して

$$a_{-N} \neq 0, \qquad a_{-n} = 0 \quad (n = N+1, N+2, \ldots)$$

が成立するので、$f(z)$ の Laurent 展開は

$$f(z) = \sum_{n=1}^{N} \frac{a_{-n}}{(z-a)^n} + \sum_{n=0}^{\infty} a_n (z-a)^n \quad (\text{ただし } a_{-N} \neq 0) \tag{4.11}$$

となる。このとき特異点 a を N 位の極 (pole) といい、この N の値のことを極の位数 (order) という。例えば $f(z) = \dfrac{\cos z}{z^2}$ を $z = 0$ の近傍で考えると、その Laurent 展開は

$$f(z) = \frac{1}{z^2} - \frac{1}{2} + \frac{z^2}{4!} - \frac{z^6}{6!} + \cdots$$

であり、この場合の特異点 $z = 0$ は 2 位の極である。また

$$g(z) = \tan z = \frac{\sin z}{\cos z} = \frac{1}{i} \frac{e^{iz} - e^{-iz}}{e^{iz} + e^{-iz}}$$

には無限個の孤立特異点 $\{\frac{\pi}{2} + n\pi\}_{n=-\infty}^{\infty}$ があり、それらは全て 1 位の極になっている。

ケース III: 無限個の n について $a_{-n} \neq 0$ の場合

この場合は Laurent 展開の主部が無限級数となる場合で、このとき a を真性特異点 (essential singularity) という。例えば $f(z) = e^{\frac{1}{z}}$ を考えると、その $z = 0$ での Laurent 展開は

$$f(z) = 1 + \frac{1}{z} + \frac{1}{2!} \cdot \frac{1}{z^2} + \frac{1}{3!} \cdot \frac{1}{z^3} + \cdots = \sum_{n=1}^{\infty} \frac{1}{n!} \cdot \frac{1}{z^n} + 1$$

であり，$z=0$ は真性特異点であることがわかる．

孤立特異点の近傍での関数の挙動は複素関数論の1つの話題であり，多くの結果が得られている．$f(z)$ の極の近傍で $\frac{1}{f(z)}$ を考えると正則関数になるが，真性特異点の近傍では事情は大きく異なり，z_0 が $f(z)$ の真性特異点であれば，この点は $\frac{1}{f(z)}$ の真性特異点にもなっている．以下では初歩的な幾つかの結果を紹介しておく．最も基本的な結果が次に述べる Riemann の除去可能定理であり，極や真性特異点の基本的な性質はこの Riemann の除去可能定理から導かれる．

> **定理 4.2**　(**Riemann の除去可能定理**)　a は複素関数 $f(z)$ の孤立特異点で，$f(z)$ は $0 < |z-a| < R$ [7]で1価正則とする．このとき a が除去可能であるための必要十分条件は，$f(z)$ が $0 < |z-a| < R$ で有界となることである．

証明　a が除去可能であれば $f(z)$ は $|z-a| < R$ で正則な関数と見なすことができるので，$f(z)$ は $|z-a| < R$ で有界である．逆に $f(z)$ が $0 < |z-a| < R$ で有界，すなわちある正数 M が存在して

$$|f(z)| < M \quad (0 < |z-a| < R)$$

とすると，Laurent 係数に対する Cauchy の係数評価式 (4.10) より，r が $0 < r < R$ を満たすとき

$$|a_{-n}| \leq M r^n \quad (n=1,2,\ldots) \tag{4.12}$$

となる．従って各 n 毎に，任意の正数 ε に対して $r < \sqrt[n]{\varepsilon}$ を満たすように r をとって (4.12) を利用すると $|a_{-n}| \leq M\varepsilon \quad (n=1,2,\ldots)$ となり，$a_{-n} = 0 \ (n=1,2,\ldots)$ が得られる．従って孤立特異点は除去可能である．□

---

[7]この定理は孤立特異点近くの挙動を述べるもので，R は十分小さく，$0 < |z-a| < R$ は a の適当な近傍を意味しているものとする．

4.1 Laurent 展開

定理 4.3 a は 1 価な複素関数 $f(z)$ の孤立特異点で，$f(z)$ は $0 < |z - a| < R$ で正則とする．このとき a が極であるための必要十分条件は，$\lim_{z \to a} |f(z)| = \infty$ となることである．

証明 $\lim_{z \to a} |f(z)| = \infty$ であれば a が極であることを示す．仮定からある正数 $R'(< R)$ がとれて，$0 < |z - a| < R'$ では $f(z) \neq 0$ となるので，$g(z) = 1/f(z)$ を考えることができる．$g(z)$ は $0 < |z - a| < R'$ の正則関数であって有界であるから，Riemann の除去可能定理より $g(z)$ は $|z - a| < R'$ の正則関数と考えることができて[8]，さらに仮定より $g(a) = 0$ となる．従ってある正の整数 N と $\varphi(a) \neq 0$ を満たす正則関数 $\varphi(z)$ が（a の近傍で）存在して，$g(z) = (z - a)^N \varphi(z)$ となる（→ 演習問題 3.13）．すなわち $z = a$ の近傍で

$$f(z) = \frac{1}{(z-a)^N} \cdot \frac{1}{\varphi(z)}$$

となり，正則関数 $1/\varphi(z)$ の a での冪級数展開 $1/\varphi(z) = \sum_{n=0}^{\infty} c_n (z-a)^n$ （$c_0 \neq 0$）を代入することにより，a が f の N 位の極であることがわかる．□

系 4.1 a は複素関数 $f(z)$ の孤立特異点であり，$f(z)$ は $0 < |z - a| < R$ で正則であって $\lim_{z \to a} |f(z)| = \infty$ とする．このときある正の整数 N が存在し，$(z - a)^N f(z)$ を $|z - a| < R$ の正則関数と見なすことができる．

定理 4.4 (**Casorati**[9]**-Weierstrass の定理**) a は 1 価な複素関数 $f(z)$ の孤立特異点で，$f(z)$ は $0 < |z - a| < R$ で正則であるとする．a が $f(z)$ の真性特異点であれば，任意の複素数 α（$\alpha = \infty$ も含める）に対してある点列 $\{z_n\}_{n=1}^{\infty}$ が存在し，$n \to +\infty$ のとき，

$$z_n \to a, \quad f(z_n) \to \alpha \qquad (4.13)$$

---

[8] a が $f(z)$ の極であれば，a の近傍で $\frac{1}{f(z)}$ は正則関数となることを意味する．
[9] カゾラティ，Felice Casorati (1835–1890)．

が成立する[10].

証明 背理法を用いて証明する．$\alpha = \infty$ の場合に (4.13) を満たすような点列 $\{z_n\}_{n=1}^{\infty}$ が存在しないとすると，$f(z)$ は a の近傍で有界となる．このとき Riemann の除去可能定理によって孤立特異点 a は除去可能となり，仮定に反する．次にある有限値の α に対しては (4.13) を満たす点列 $\{z_n\}_{n=1}^{\infty}$ が存在しないとすると，
$$g_\alpha(z) := \frac{1}{f(z) - \alpha}$$
は a を孤立特異点とするが，a の近傍では有界である．ここで再び Riemann の除去可能定理を適用することにより，$g_\alpha(z)$ は a のある近傍での正則関数，すなわち a の近傍では $f(z) = \alpha + \dfrac{1}{g_\alpha(z)}$ となる．ここで $g_\alpha(a)$ の値が 0 か 0 でないかによって a の値は極または除去可能となり，a が真性特異点であることに反す．□

Casorati-Weierstrass の定理からもわかる通り，真性特異点の近傍での複素関数の挙動は極めて複雑であり，a が $f(z)$ の真性特異点のときには，$f(z)$ は a の近傍で非有界であるが，$\lim\limits_{z \to a} |f(z)| = \infty$ [11] となるわけではない．

最後に無限遠点[12] ∞ での Laurent 展開について述べておく．$|z| > R(> 0)$ の正則関数 $f(z)$ に対して $g(z) = f(\frac{1}{z})$ によって $g(z)$ を定めると，$g(z)$ は $0 < |z| < \frac{1}{R}$ で定義された正則関数で，$z = 0$ はこの $g(z)$ の孤立特異点になっている．$g(z)$ の $z = 0$ の近傍の Laurent 展開を

$$g(z) = \sum_{n=1}^{\infty} \frac{a_{-n}}{z^n} + a_0 + \sum_{n=1}^{\infty} a_n z^n$$

---

[10] 真性特異点の近傍では，任意の複素数 α に対していくらでも関数値を近づけることができることを意味している．従って，$\lim\limits_{z \to a} |f(z)| = \infty$ ではないことに注意する．従って定理 4.3 より，a は $\frac{1}{f(z)}$ の孤立特異点であって極とはならないので，$\frac{1}{f(z)}$ の真性特異点になる．

[11] 「$\lim\limits_{z \to a} |f(z)| = \infty$」と「$a$ に収束する全ての点列 $\{z_n\}$ に対して $\lim\limits_{n \to +\infty} |f(z_n)| = \infty$」が同値であることに注意せよ．

[12] 複素平面 $\mathbb{C}$ 上に無限遠点という点は存在しないが，本書では導入していない Riemann 球という概念を用いると，"無限遠点" という Riemann 球上の点で $|z| \to +\infty$ の極限を考えることもできる．

とすると，$f(z)$ は $|z| > R$ において

$$f(z) = \sum_{n=1}^{\infty} a_{-n} z^n + a_0 + \sum_{n=1}^{\infty} \frac{a_n}{z^n} \tag{4.14}$$

と表されることになる．$|z| > R$ で定義される冪級数 (4.14) を $f(z)$ の"無限遠点 ∞ での Laurent 展開"と呼ぶ．このとき Laurent 展開の主部は $\displaystyle\sum_{n=1}^{\infty} a_{-n} z^n$ である．例えば $f(z) = e^z$ は整関数であり，$z = 0$ では

$$f(z) = 1 + z + \frac{z^2}{2!} + \cdots + \frac{z^n}{n!} + \cdots \quad (z \in \mathbb{C})$$

と冪級数展開されるが，Laurent 展開の立場でみると，無限遠点 ∞ はこの $f(z)$ の真性特異点である．また多項式 $P_n(z) = a_n z^n + a_{n-1} z^{n-1} + \cdots + a_0$ $(a_n \neq 0)$ については無限遠点 ∞ は n 位の極であり，Laurent 展開の主部は $P_n(z) - a_0$ である．

演習問題 4.1 $f(z) = 1/(1-z^2)$ の $z = 1$ および $z = -1$ での Laurent 展開を求めよ．

演習問題 4.2 (4.2) を導出したときと同様の手順で，(4.3) が成立することを示せ．

演習問題 4.3 定理 4.1 に述べられた Laurent 展開の一意性を示せ．すなわち (4.7) で

$$f(z) = \sum_{n=-\infty}^{\infty} a_n (z-a)^n = \sum_{n=-\infty}^{\infty} a_n'(z-a)^n$$

が成立するとき，$a_n = a_n'$ $(n = 0, \pm 1, \pm 2, \cdots)$ となることを示せ．

演習問題 4.4 Laurent 展開 (4.7) が円周 $|z - a| = r$ 上で絶対一様収束していることを用い，(4.8) の等式を証明せよ．

演習問題 4.5 (4.9) から (4.10) を導出せよ．

演習問題 4.6 $\tan z$ の孤立特異点が $\{\frac{\pi}{2} + n\pi\}_{n=-\infty}^{\infty}$ であることを確認し，これらが 1 位の極であることを示せ．また $\cot z$ の場合はどうか．

演習問題 4.7 定理 4.2 の仮定の下で，Cauchy の係数評価式 (4.12) から $a_{-n} = 0$ $(n = 1, 2, \ldots)$ が従うことを確認せよ．

演習問題 4.8 a は 1 価な複素関数 $f(z)$ の孤立特異点で，$f(z)$ は $0 < |z - a| < R$ で正則とする．このとき a の近傍で $f(z)$ は非有界で，しかも $1/f(z)$ が有界であれば，

$z = a$ は極であることを示せ．またこの命題の逆は成立するか．（ヒント：まずは逆の命題を書き下して考えてみよ．）

演習問題 4.9 $f(z)$ は $0 < |z - a| < R$ の正則関数で，a は $f(z)$ の N 位の極であるとする．このとき $(z-a)^N f(z)$ が $|z - a| < R$ の正則関数と考えられることを Riemann の除去可能定理に沿って説明せよ．

演習問題 4.10 D を複素平面 $\mathbb{C}$ の領域とし，$f(z)$ は孤立特異点 a を除いて D 上で正則であるとする．a が N 位の極であるとき，次の (1) と (2) を示せ．
(1) a が有限の値のとき，a のある近傍では $f_1(a) \neq 0$ である正則関数 $f_1(z)$ を用いて
$f(z) = \dfrac{f_1(z)}{(z-a)^N}$ と表される．
(2) a が無限遠点 (∞) のとき，ある正数 R が存在して，$|z| > R$ では有界な正則関数 $f_1(z)$ を用いて $f(z) = z^N f_1(z)$ と表される．

演習問題 4.11 $\sin \frac{1}{z}$ および $\cos \frac{1}{z}$ は，$z = 0$ の近傍において，全ての複素数の値を無限回とることを示せ．

演習問題 4.12 $f(z)$ は $|z| > R$ の 1 価な正則関数で，無限遠点 ∞ での Laurent 展開を (4.14) で与える．このとき $r > R$ であれば

$$c_{-n} = \frac{1}{2\pi i} \oint_{|\zeta|=r} \zeta^{-n-1} f(\zeta)\, d\zeta \quad (n = 0, \pm 1, \pm 2, \ldots)$$

が成立することを示せ．

■ 4.2 留数定理

1 価な複素関数 $f(z)$ が $0 < |z - a| < R$ で正則であるとき，$0 < r < R$ を満たす r を半径とする円周上での $f(z)$ の積分値を $2\pi i$ で割った量を，$f(z)$ の a における**留数** (residue) といい，$\mathrm{Res}\,(a, f)$ と表す：

$$\mathrm{Res}\,(a, f) = \frac{1}{2\pi i} \oint_{|z-a|=r} f(z)\, dz. \tag{4.15}$$

曲線 C を $0 < |z - a| < R$ に含まれる求長可能な Jordan 閉曲線とし，C に囲まれる単連結領域が a を含むとき（図 4.2），Cauchy の積分定理より

$$\oint_{|z-a|=r} f(z)\, dz = \oint_C f(z)\, dz \tag{4.16}$$

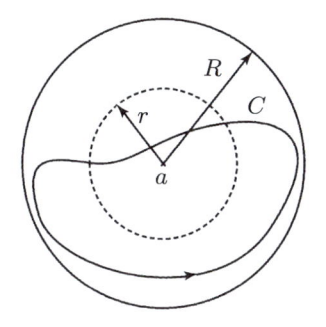

図 4.2 領域 $0<|z-a|<R$ に含まれる曲線 C.

が成立するので，(4.15) で定義される留数 $\mathrm{Res}\,(a,f)$ は半径 r に依存していないことがわかる．Laurent 係数に関する (4.6) と比較すると，$\mathrm{Res}\,(a,f)$ は $f(z)$ の孤立特異点 a の周りでの Laurent 展開の $(z-a)^{-1}$ の係数 a_{-1} と一致するので，$f(z)$ の Laurent 展開は

$$f(z) = \sum_{n=2}^{\infty} \frac{a_{-n}}{(z-a)^n} + \frac{\mathrm{Res}\,(a,f)}{z-a} + \sum_{n=0}^{\infty} a_n (z-a)^n \qquad (4.17)$$

と考えることもできる．言い換えれば，<u>$f(z)$ の孤立特異点 a の周りの Laurent 展開がわかれば，留数を求めることができる</u>．孤立特異点 a が除去可能のときは，$f(z)$ は $|z-a|<R$ の正則関数と見なせるので，(4.15) から $\mathrm{Res}\,(a,f) = 0$ が従う[13]．しかし留数だけに注目して $\mathrm{Res}\,(a,f)=0$ であっても a は除去可能とは限らず，従ってこの点で $f(z)$ は正則とは限らない[14]ので，注意を要する．

無限遠点 $a=\infty$ での留数は (4.15) とは少し異なり，$|z|>R$ で正則な関数 $f(z)$ に対し，

$$\mathrm{Res}\,(\infty, f) := \frac{-1}{2\pi i} \oint_{|z|=r} f(z) dz \quad (r > R) \qquad (4.18)$$

により無限遠点 ∞ での留数を定義する．（符号に注意せよ．）前節の最後で $|z|>R$ の正則関数 $f(z)$ の無限遠点での Laurent 展開 $\sum_{n=-\infty}^{\infty} c_n z^n$ を導入し

---

[13] Cauchy の積分定理による．
[14] Morera の定理（定理 3.14）と比較せよ．

たが，この Laurent 係数と比較すると

$$\mathrm{Res}\,(\infty, f) = -c_{-1}$$

である．

留数の定義 (4.15) と (4.16) からもわかるように，留数と Jordan 閉曲線に沿う複素積分とは密接な関係があり，この関係を利用すると実数値関数の定積分が複素積分を利用して巧みに計算されることがある．その基礎となるのが次の留数定理である．

> **定理 4.5**（留数定理） C を複素平面上の求長可能な Jordan 閉曲線とし，D は C で囲まれた単連結領域とする．$f(z)$ は D 内の相異なる n 個の点 $\{z_k\}_{k=1}^n$ を除いて $D \cup C$ で正則とすると，
>
> $$\oint_C f(z)\,dz = 2\pi i \sum_{k=1}^n \mathrm{Res}\,(z_k, f) \tag{4.19}$$
>
> が成立する．

証明 各孤立特異点 z_k に対して，z_k を中心とし，（お互いに共有点をもたない）十分小さな半径 r_k の円周 C_k を領域 D に含まれるようにとる（図 4.3）．このとき $f(z)$ は C および $C_1, C_2, C_3, \ldots, C_n$ の $(n+1)$ 個の Jordan 閉曲線を境界とする閉集合上で正則であるので，命題 3.6 の系を利用すると

$$\oint_C f(z)\,dz = \sum_{k=1}^n \oint_{C_k} f(z)\,dz$$

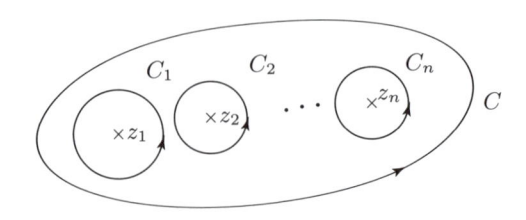

図 4.3 領域 D 内の n 個の孤立特異点．

が成立する．留数の定義 (4.15) により

$$\mathrm{Res}\,(z_k, f) = \frac{1}{2\pi i} \oint_{C_k} f(z)\,dz \quad (k = 1, 2, \ldots, n)$$

であるので，(4.19) の成立が示される．□

有限個の（相異なる）孤立特異点 $\{z_k\}_{k=1}^n$ を除いて複素平面全体で1価な正則関数 $f(z)$ を考える．原点を中心とする十分大きな半径 R の円周 $|z| = R$ を考えると，この n 個の孤立特異点は全て半径 R の円内に含まれるので，留数定理より

$$\oint_{|z|=R} f(z)\,dz = 2\pi i \sum_{k=1}^{n} \mathrm{Res}\,(z_k, f)$$

が成立する．一方で無限遠点での留数の定義 (4.18) によれば

$$\oint_{|z|=R} f(z)\,dz = -2\pi i\,\mathrm{Res}\,(\infty, f)$$

であり，$-2\pi i\,\mathrm{Res}\,(\infty, f) = 2\pi i \sum_{k=1}^{\infty} \mathrm{Res}\,(z_k, f)$ となる．これより次の命題が得られることになる．

> **命題 4.1** $f(z)$ は全平面から高々有限個の孤立特異点を除いて正則であるとすると，その留数[15]の総和は 0 である．

留数定理 (4.19) によれば，Jordan 閉曲線に沿う複素積分は留数を利用して計算することができ，一方 (4.17) より，留数は Laurent 展開の係数 a_{-1} から求められる．孤立特異点 a が除去可能[16]または 1 位の極のときは，

$$\mathrm{Res}\,(a, f) = a_{-1} = \lim_{z \to a}(z - a)f(z)$$

となる．例えば $f(z) = \dfrac{1}{1 + z^3}$ を複素平面全体で考えると，分母が 0 となる $z = -1,\ \frac{1}{2}(1 \pm \sqrt{3}i)$ の 3 つの値がこの $f(z)$ の孤立特異点で極であり，

---

[15] 導出からもわかる通り，無限遠点 ∞ での留数も勘定に入れている．
[16] a が除去可能のとき，$f(z)$ は $z = a$ で正則であり，$\mathrm{Res}\,(a, f) = 0$ は明らかである．

$$\operatorname{Res}(-1, f) = \lim_{z \to -1}(z+1)f(z) = \frac{1}{3} \tag{4.20}$$

$$\operatorname{Res}\left(\frac{1+\sqrt{3}i}{2}, f\right) = \lim_{z \to \frac{1+\sqrt{3}i}{2}}\left(z - \frac{1+\sqrt{3}i}{2}\right)f(z) = \frac{-1}{6}(1+\sqrt{3}i) \tag{4.21}$$

$$\operatorname{Res}\left(\frac{1-\sqrt{3}i}{2}, f\right) = \lim_{z \to \frac{1-\sqrt{3}i}{2}}\left(z - \frac{1-\sqrt{3}i}{2}\right)f(z) = \frac{-1}{6}(1-\sqrt{3}i) \tag{4.22}$$

が得られる．また a が除去可能または 1 位の極であって

$$f(z) = f_1(z)/f_2(z)$$

の形をしていると，$f_2(a) = 0$, $f_2{}'(a) \neq 0$ の場合には

$$\begin{aligned}
\operatorname{Res}(a, f) &= \lim_{z \to a}(z-a)f(z) \\
&= \lim_{z \to a} \frac{z-a}{f_2(z) - f_2(a)} \cdot f_1(z) \\
&= \frac{f_1(a)}{f_2{}'(a)}
\end{aligned}$$

となる．例えば $f(z) = \cot z = \dfrac{\cos z}{\sin z}$ では $\{n\pi\}_{n=-\infty}^{\infty}$ がその孤立特異点[17]で，$z = 0$ ($n = 0$ のとき) では

$$\operatorname{Res}(0, f) = \lim_{z \to 0} z \frac{\cos z}{\sin z} = \frac{\cos 0}{\cos 0} = 1$$

となる．

■ 4.3 留数解析

留数を利用した種々の計算を留数解析 (residue calculus) というが，その中でも最もよく用いられるのが定積分の計算である．例えば次の定積分[18]

$$\int_0^\infty \frac{dx}{1+x^3}$$

---

[17] 演習問題 4.6 を参照せよ．

[18] $\displaystyle\int_0^\infty \frac{dx}{1+x^3} = \lim_{r \to +\infty} \int_0^r \frac{dx}{1+x^3}$ (r は実数) であることに注意する．

4.3 留数解析

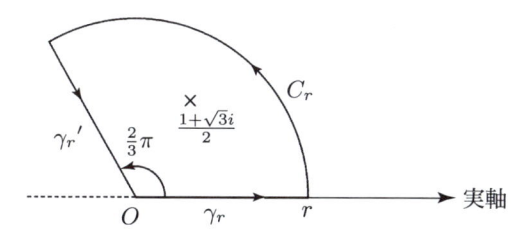

図 4.4 中心角が $\frac{2}{3}\pi$ の扇形の曲線 Γ_r.

は，被積分関数の部分分数展開を利用しても求められるが，留数を利用すると比較的簡単に計算できる．複素平面上の写像 $z \to z^3$ によって $\arg(z^3) = 3\arg z$ より偏角が3倍になることを思い出し，図4.4のような原点を中心とする半径が r で中心角が $\frac{2}{3}\pi$ の扇形の曲線 Γ_r を考える．図4.4の通り，Γ_r を実軸の部分 γ_r，実軸と $\frac{2}{3}\pi$ の角をなす線分 γ_r' および円弧部分 C_r に分け，$\Gamma_r = \gamma_r \cup C_r \cup \gamma_r'$ とする．$f(z) = \dfrac{1}{1+z^3}$ の極 $\dfrac{1+\sqrt{3}i}{2}$ は Γ_r で囲まれる領域の内部にあり，この点での留数は既に (4.21) で計算しているので，留数定理より

$$\oint_{\Gamma_r} \frac{dz}{1+z^3} = 2\pi i \times \frac{-1-\sqrt{3}i}{6} = \frac{\sqrt{3}-i}{3}\pi \tag{4.23}$$

となる．また積分を分割すると

$$\oint_{\Gamma_r} \frac{dz}{1+z^3} = \int_0^r \frac{dx}{1+x^3} + \int_{C_r} \frac{dz}{1+z^3} + \int_{\gamma_r'} \frac{dz}{1+z^3} \tag{4.24}$$

であるが，γ_r' 上の点を向きを考慮して $z = te^{\frac{2}{3}\pi i}$ $(r \geq t \geq 0)$ と表すことにより，

$$\int_{\gamma_r'} \frac{dz}{1+z^3} = \int_r^0 \frac{e^{\frac{2}{3}\pi i}dt}{1+(te^{\frac{2}{3}\pi i})^3} = -e^{\frac{2}{3}\pi i}\int_0^r \frac{dx}{1+x^3} \tag{4.25}$$

が得られる．(4.23)–(4.25) をまとめると

$$(1-e^{\frac{2}{3}\pi i})\int_0^r \frac{dx}{1+x^3} + \int_{C_r} \frac{dz}{1+z^3} = \frac{\sqrt{3}-i}{3}\pi$$

となり，

$$\int_0^r \frac{dx}{1+x^3} = \frac{2}{9}\sqrt{3}\pi + \frac{2}{3-\sqrt{3}i}\int_{C_r} \frac{dz}{1+z^3} \tag{4.26}$$

を得る．ここで $z \in C_r$ を $z = re^{i\theta}$ $(0 \leq \theta \leq \frac{2}{3}\pi)$ と表して $r \to +\infty$ の極限

を考えると

$$\lim_{r\to+\infty}\left|\int_{C_r}\frac{dz}{1+z^3}\right| = \lim_{r\to+\infty}\left|\int_0^{\frac{2}{3}\pi}\frac{ire^{i\theta}}{1+r^3e^{3i\theta}}\,d\theta\right| = 0 \qquad (4.27)$$

となるので，(4.26) において $r \to +\infty$ の極限を考えることにより

$$\int_0^\infty \frac{dx}{1+x^3} = \frac{2}{9}\sqrt{3}\pi$$

を得る．この例では γ_r' 上の点 z が3乗されて $\gamma_r = [0,r]$ 上に移っていることがポイントである．

以下では留数解析等による定積分の計算例をいくつか挙げてみる．

例 1. $\int_0^\infty \dfrac{dx}{(1+x^2)^{p+1}}$ （ただし，p は非負整数）．

まず

$$\int_0^\infty \frac{dx}{(1+x^2)^{p+1}} = \frac{1}{2}\int_{-\infty}^\infty \frac{dx}{(1+x^2)^{p+1}} = \frac{1}{2}\lim_{r\to+\infty}\int_{-r}^r \frac{dx}{(1+x^2)^{p+1}}$$

に注意する．図 4.5 のように原点を中心とする半径が r の複素平面上の扇形 Γ_r を考え，上半平面にある半径 r の円弧部分を C_r と表すと，$\Gamma_r = [-r,r] \cup C_r$ となる．被積分関数を $f(z)$ と表すと

$$f(z) = \frac{1}{(z+i)^{p+1}(z-i)^{p+1}} = \frac{\frac{1}{(z+i)^{p+1}}}{(z-i)^{p+1}} \qquad (4.28)$$

であり，$f(z)$ は Γ_r で囲まれた領域内に $(p+1)$ 位の極 i をもつ[19]．従って留数定理より

$$\oint_{\gamma_r} \frac{dz}{(1+z^2)^{p+1}} = 2\pi i \,\mathrm{Res}\,(i,f),$$

すなわち

$$\int_{-r}^r \frac{dx}{(1+x^2)^{p+1}} = 2\pi i\,\mathrm{Res}\,(i,f) - \int_{C_r} \frac{dz}{(1+z^2)^{p+1}}$$

を得る．(4.28) に従うと $f(z)$ の分子の関数 $\dfrac{1}{(z+i)^{p+1}}$ は $z=i$ で正則で

---

[19] 図 4.5 に代わって，下半平面にある半径 r の扇形を Γ_r とする場合は，$(p+1)$ 位の極 $-i$ の方を利用することになる．

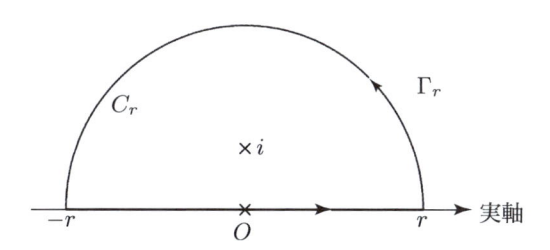

図 4.5　上半平面にある原点を中心とする半径 r 扇形の閉曲線.

あり,

$$\frac{1}{(z+i)^{p+1}} = \sum_{n=0}^{\infty} a_n(z-i)^n, \quad a_n = \frac{1}{n!}\frac{d^n}{dz^n}\left(\frac{1}{(z+i)^{p+1}}\right)\Big|_{z=i}$$

と冪級数に展開されるので,

$$\mathrm{Res}\,(i,f) = a_p = \frac{(-1)^p(p+1)(p+2)\cdots 2p}{p!(2i)^{2p+1}} = \frac{(2p)!}{2^{2p+1}(p!)^2 i}$$

である. また (4.27) と同様の評価により,

$$\lim_{r\to+\infty}\Big|\int_{C_r}\frac{dz}{(1+z^2)^{p+1}}\Big| = 0$$

であるので,

$$\lim_{r\to+\infty}\int_{-r}^{r}\frac{dx}{(1+x^2)^{p+1}} = 2\pi i \times \frac{(2p)!}{2^{2p+1}(p!)^2 i} = \frac{(2p)!\pi}{2^{2p}(p!)^2}.$$

故に

$$\int_0^{\infty}\frac{dx}{(1+x^2)^{p+1}} = \frac{(2p)!\pi}{2^{2p+1}(p!)^2}$$

を得る[20].

例 2. $\int_0^{2\pi}\dfrac{d\theta}{a+b\cos\theta}$　（ただし $a > b > 0$）.

$z = e^{i\theta}\ (0 \le \theta \le 2\pi)$ の変数変換によって複素積分に帰着する. このとき

$$\cos\theta = \frac{1}{2}(e^{i\theta}+e^{-i\theta}) = \frac{1}{2}\Big(z+\frac{1}{z}\Big), \quad d\theta = \frac{dz}{iz}$$

---

[20] $p=0$ のとき, $\int_0^{\infty}\dfrac{dx}{1+x^2} = \mathrm{Tan}^{-1}(+\infty) = \dfrac{\pi}{2}$ であることと比較する.

に注意する．原点を中心とする半径 1 の円周を C_1 ($C_1 : z = e^{i\theta}\ (0 \leq \theta \leq 2\pi)$) と表すと，

$$\int_0^{2\pi} \frac{d\theta}{a + b\cos\theta} = \frac{1}{i} \oint_{C_1} \frac{2dz}{bz^2 + 2az + b}$$

となる．ここで（実数係数の）2 次方程式 $bx^2 + 2ax + b = 0$ を考えると，$a > b$ よりこの方程式は相異なる 2 実根 $\alpha, \beta\ (\alpha < \beta)$ をもち，根と係数の関係 $\alpha + \beta = -\dfrac{2a}{b} < 0,\ \alpha\beta = 1$ より $\alpha < -1 < \beta < 0$ であることがわかる．被積分関数を $f(z)$ と表すと

$$f(z) = \frac{2}{bz^2 + 2az + b} = \frac{2}{b(z-\alpha)(z-\beta)}$$

であり，C_1 に囲まれた領域内には唯 1 つの極 β をもつので，留数定理より

$$\oint_{C_1} f(z)\, dz = 2\pi i \operatorname{Res}(\beta, f)$$

となる．極 β の位数が 1 であるので，留数は

$$\operatorname{Res}(\beta, f) = \lim_{z \to \beta}(z - \beta)f(z) = \frac{2}{b(\beta - \alpha)} = \frac{1}{\sqrt{a^2 - b^2}}$$

であり，

$$\int_0^{2\pi} \frac{d\theta}{a + b\cos\theta} = \frac{2\pi}{\sqrt{a^2 - b^2}}$$

を得る．

例 3. $\displaystyle\int_0^\infty \frac{\sin x}{x}\, dx.$

まず

$$\int_0^\infty \frac{\sin x}{x}\, dx = \lim_{\varepsilon \to +0} \lim_{r \to +\infty} \int_\varepsilon^r \frac{\sin x}{x}\, dx$$

であることに注意する[21]．$\sin x = \dfrac{1}{2i}(e^{ix} - e^{-ix})$ および

$$\int_{-r}^{-\varepsilon} \frac{e^{ix}}{x}\, dx = -\int_\varepsilon^r \frac{e^{-ix}}{x}\, dx$$

より

---

[21] $\displaystyle\int_0^\infty \frac{\sin x}{x}\, dx = \frac{1}{2} \lim_{r \to +\infty} \left\{ \text{p.v.} \int_{-r}^r \frac{\sin x}{x}\, dx \right\}$ と考えると，別のアプローチも可能である．

4.3 留数解析

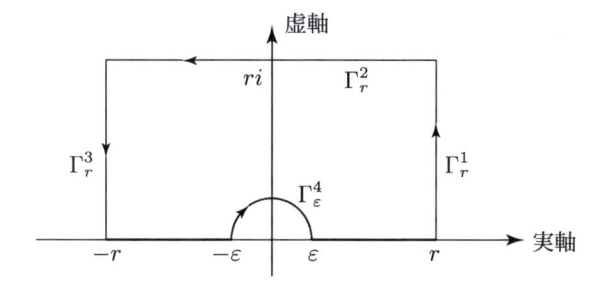

図 4.6　上半平面の長方形と半径 ε の円周を組み合わせた閉曲線 $\Gamma_{\varepsilon,r}$.

$$\int_\varepsilon^r \frac{\sin x}{x}\,dx = \frac{1}{2i}\Big\{\int_{-r}^{-\varepsilon}\frac{e^{ix}}{x}\,dx + \int_\varepsilon^r \frac{e^{ix}}{x}\,dx\Big\}$$

となる．$f(z)=\dfrac{1}{z}e^{iz}\;(z\neq 0)$ とし，図 4.6 のような複素平面上の閉曲線 $\Gamma_{\varepsilon,r}$ をとって積分すると，Cauchy の積分定理により $\displaystyle\int_{\Gamma_{\varepsilon,r}} f(z)\,dz = 0$ である．$\Gamma_{\varepsilon,r}$ を，図 4.6 の通りに，長方形の辺 $\Gamma_r^k\;(k=1,2,3)$ と半径 ε の円周の上半分 Γ_ε^4 に分けると，

$$\lim_{r\to+\infty}\Big|\int_{\Gamma_r^k} f(z)\,dz\Big| = \lim_{r\to+\infty}\Big|\int_0^r \frac{e^{i(r+iy)}}{r+iy}(i\,dy)\Big| = 0 \quad (k=1,3), \quad (4.29)$$

$$\lim_{r\to+\infty}\Big|\int_{\Gamma_r^2} f(z)\,dz\Big| = \lim_{r\to+\infty}\Big|\int_r^{-r} \frac{e^{i(x+ir)}}{x+ir}\,dx\Big| = 0, \quad (4.30)$$

となり，さらに Γ_ε^4 については

$$\lim_{\varepsilon\to+0}\int_{\Gamma_\varepsilon^4} f(z)\,dz = \lim_{\varepsilon\to+0}\int_\pi^0 e^{i\varepsilon e^{i\theta}}(i\,d\theta) = -\pi i$$

となる．従って

$$\lim_{\varepsilon\to+0}\lim_{r\to+\infty}\int_\varepsilon^r \frac{\sin x}{x}\,dx = \frac{\pi i}{2i} = \frac{\pi}{2}$$

を得る．

例 4. $\displaystyle\int_0^\infty \cos x^2\,dx$.

まず x が実数のとき $\cos x^2 = \operatorname{Re}(e^{ix^2})$ であるので，

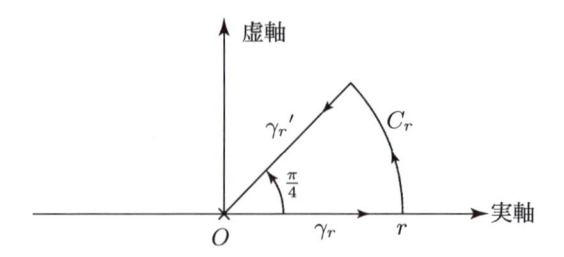

図 4.7 原点を中心とし半径が r で中心角が $\frac{\pi}{4}$ の扇形の閉曲線.

$$\int_0^\infty \cos x^2 \, dx = \lim_{r \to +\infty} \mathrm{Re}\left(\int_0^r e^{ix^2} \, dx\right)$$

であることに注意する．また複素平面上の写像 $z \to z^2$ によって偏角が 2 倍になることを思い出し，図 4.7 のように原点を中心とし半径が r で中心角が $\frac{\pi}{4}$ の扇形の曲線 Γ_r を考え，Γ_r を積分路として

$$\oint_{\Gamma_r} e^{iz^2} \, dz$$

を計算する．この扇形の円弧部分を C_r とし，2 つの辺を $\gamma_r = [0, r]$ と γ_r' として $\Gamma_r = \gamma_r \cup C_r \cup \gamma_r'$ と表すと，Cauchy の積分定理により，

$$\oint_{\Gamma_r} e^{iz^2} \, dz = \int_0^r e^{ix^2} \, dx + \int_{C_r} e^{iz^2} \, dz + \int_{\gamma_r'} e^{iz^2} \, dz = 0$$

である．ここで $z \in \gamma_r'$ を $z = te^{\frac{\pi}{4}i}$ $(r \geq t \geq 0)$ と表すと，

$$\int_{\gamma_r'} e^{iz^2} \, dz = -e^{\frac{\pi}{4}i} \int_0^r e^{-t^2} \, dt$$

であり，また C_r 上の z を $z = re^{i\theta}$ $(0 \leq \theta \leq \frac{\pi}{4})$ と表すことにより

$$\lim_{r \to +\infty} \left|\int_{C_r} e^{iz^2} \, dz\right| \leq \lim_{r \to +\infty} \int_0^{\frac{\pi}{4}} |e^{ir^2(\cos 2\theta + i \sin 2\theta)}| r \, d\theta = 0 \quad (4.31)$$

である．従って

$$\lim_{r \to +\infty} \int_0^r \cos x^2 \, dx = \lim_{r \to +\infty} \mathrm{Re}\left(e^{\frac{\pi}{4}i} \int_0^r e^{-t^2} \, dt\right) = \frac{\sqrt{2}}{2} \times \frac{\sqrt{\pi}}{2}$$

となり[22]

$$\int_0^\infty \cos x^2 \, dx = \frac{\sqrt{2\pi}}{4}$$

を得る．この例では $z \in \gamma_r'$ に対して複素数 z^2 が虚軸上にあることがポイントである．

例 5. $\int_0^\infty \dfrac{\log x}{1+x^2} \, dx$．

対数関数は (2.35) の通り $\log z = \log |z| + i \arg z \ (z \in \mathbb{C}, z \neq 0)$ より偏角の測り方から生じる多価関数であり，一般には偏角を $-\pi < \arg z < \pi$ に制限した主枝 $\mathrm{Log}\, z$ を利用することが多い．しかしここでは $-\frac{\pi}{2} < \arg z < \frac{3}{2}\pi$ に制限した 1 価正則関数として扱う．まず

$$\int_0^\infty \frac{\log x}{1+x^2} \, dx = \lim_{\varepsilon \to 0} \lim_{r \to +\infty} \int_\varepsilon^r \frac{\log x}{1+x^2} \, dx$$

に注意し，図 4.8 のような原点を中心とする同心円扇形の閉曲線 $\Gamma_{\varepsilon,r}$ を複素平面上で考える．図のように半径 r，半径 ε の円周をそれぞれ C_r, C_ε と表すと，$\Gamma_{\varepsilon,r} = [-r,-\varepsilon] \cup C_\varepsilon \cup [\varepsilon,r] \cup C_r$ である．ここで $f(z) = \dfrac{\log z}{1+z^2} \ (-\dfrac{\pi}{2} < \arg z < \dfrac{3}{2}\pi)$ とし，$\Gamma_{\varepsilon,r}$ で囲まれた領域で考えると，$f(z)$ は Jordan 閉曲線 $\Gamma_{\varepsilon,r}$ の内部では 1 価となり，r が十分大で ε が十分小のとき，$f(z)$ はこの領域内に 1 位の極 i をもつ．$\log z$ の偏角が $-\frac{\pi}{2} < \arg z < \frac{3}{2}\pi$ であることを考慮すると

$$\mathrm{Res}\,(i,f) = \lim_{z \to i}(z-i)f(z) = \frac{\log i}{2i} = \frac{\pi}{4}$$

であり，

$$\oint_{\Gamma_{\varepsilon,r}} f(z) \, dz = 2\pi i \,\mathrm{Res}\,(i,f) = \frac{\pi^2}{2} i$$

となる．また $z \in [-r,-\varepsilon]$ 上では $\log z = \log |z| + \pi i$ であるので，

$$\int_{[-r,-\varepsilon]} f(z) \, dz = \int_{-r}^{-\varepsilon} \frac{\log |z| + \pi i}{1+z^2} \, dz = \int_\varepsilon^r \frac{\log x}{1+x^2} \, dx + \pi i \int_\varepsilon^r \frac{dx}{1+x^2}$$

となる．一方で C_r 上の積分については

---

[22] ここでは $\int_0^\infty e^{-x^2} \, dx = \dfrac{\sqrt{\pi}}{2}$ は既知として用いた．

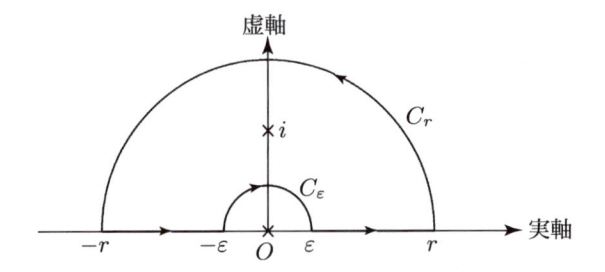

図 4.8 半径 r と半径 ε の同心円を組み合わせた閉曲線 $\Gamma_{\varepsilon,r}$.

$$\lim_{r\to+\infty}\left|\int_{C_r} f(z)\,dz\right| \leq \lim_{r\to+\infty}\int_0^\pi \left|\frac{\log r + i\theta}{1+r^2 e^{2i\theta}}\right| r\,d\theta = 0 \qquad (4.32)$$

であり，C_ε 上の積分については

$$\lim_{\varepsilon\to+0}\left|\int_{C_\varepsilon} f(z)\,dz\right| \leq \lim_{\varepsilon\to+0}\int_0^\pi \left|\frac{\log \varepsilon + i\theta}{1+\varepsilon^2 e^{2i\theta}}\right| \varepsilon\,d\theta = 0 \qquad (4.33)$$

であるので，

$$\lim_{\varepsilon\to+0}\lim_{r\to+\infty}\int_\varepsilon^r \frac{\log x}{1+x^2}\,dx = \lim_{\varepsilon\to+0}\lim_{r\to+\infty}\frac{1}{2}\left\{\frac{\pi^2}{2}i - \pi i \int_\varepsilon^r \frac{dx}{1+x^2}\right\} = 0.$$

故に

$$\int_0^\infty \frac{\log x}{1+x^2}\,dx = 0$$

である．

例 6. $\displaystyle\int_0^\infty \frac{x^{a-1}}{1+x}\,dx$ （ただし $0 < a < 1$）．

(2.37) の通り，複素数 z については，$z^{a-1} = e^{(a-1)\log z} = e^{(a-1)(\log|z|+i\arg z)}$ $(z \neq 0)$ であり，$0 < a < 1$ のとき複素関数 z^{a-1} は対数関数と同様に多価関数となる．従って複素積分を考える場合には，例 5 で行ったように偏角の制限を考える必要がある．また

$$\int_0^\infty \frac{x^{a-1}}{1+x}\,dx = \lim_{r\to+\infty}\int_0^r \frac{x^{a-1}}{1+x}\,dx$$

であるので，ここではまず $[0,r]$ 上の定積分の値を留数定理を用いて求めることにする．$f(z) = \dfrac{z^{a-1}}{1+z}$ $(z\neq 0,\ 0 < a < 1)$ とし，ここでは偏角には $0 <$

4.3 留数解析

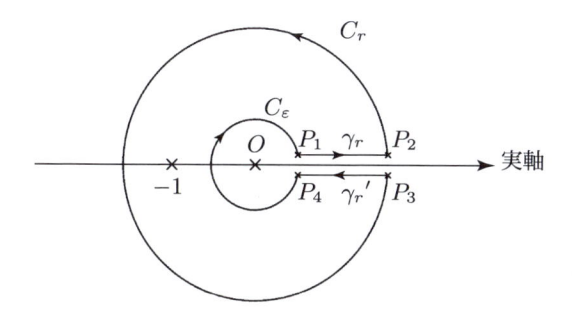

図 4.9 幅 $2\varepsilon^2$ の切れ込みをもつ領域.

$\arg z < 2\pi$ の制限をつけ,図 4.9 のような閉曲線 $\Gamma_{\varepsilon,r}$ を複素平面上で考える.半径 ε と半径 r の円周上に $\mathrm{Im}\,(P_1) = \mathrm{Im}\,(P_2) = \varepsilon^2, \mathrm{Im}\,(P_3) = \mathrm{Im}\,(P_4) = -\varepsilon^2$ となる 4 点 P_1, P_2, P_3, P_4 をとり,有向線分 P_1P_2 を γ_r,有向線分 P_3P_4 を $\gamma_r{}'$ とし,2 つの線分 P_1P_2 と P_3P_4 に切り取られた同心円環の境界を $\Gamma_{\varepsilon,r}$ とする.すなわち図 4.9 に従って $\Gamma_{\varepsilon,r} = \gamma_r \cup C_r \cup \gamma_r{}' \cup C_\varepsilon$ (C_ε の向きは時計まわり) とする.この領域では $f(z)$ は 1 価であり,$z = -1$ に 1 位の極をもつので,留数定理より

$$\oint_{\Gamma_{\varepsilon,r}} f(z)\,dz = 2\pi i \,\mathrm{Res}\,(-1, f)$$

$$\mathrm{Res}\,(-1, f) = \lim_{z \to -1}(z+1)\frac{e^{(a-1)(\log|z| + i\arg z)}}{1+z} = e^{(a-1)\pi i}$$

となる.このとき

$$\lim_{\varepsilon \to +0}\int_{\gamma_r} f(z)\,dz = \int_0^r \frac{x^{a-1}}{1+x}\,dx \tag{4.34}$$

$$\lim_{\varepsilon \to +0}\int_{\gamma_r{}'} f(z)\,dz = \int_r^0 \frac{x^{a-1}e^{2(a-1)\pi i}}{1+x}\,dx = -e^{2a\pi i}\int_0^r \frac{x^{a-1}}{1+x}\,dx \tag{4.35}$$

であり,また

$$\lim_{\varepsilon \to +0}\left|\int_{C_\varepsilon} f(z)\,dz\right| \le \lim_{\varepsilon \to +0}\int_{\arg(P_1)}^{\arg(P_4)} \left|\frac{e^{(a-1)(\log\varepsilon + i\theta)}}{1+\varepsilon e^{i\theta}}\right|\varepsilon\,d\theta$$

$$\le \lim_{\varepsilon \to +0}\int_0^{2\pi} \frac{\varepsilon^a}{|1+\varepsilon e^{i\theta}|}\,d\theta = 0 \tag{4.36}$$

となるので,
$$(1-e^{2a\pi i})\int_0^r \frac{x^{a-1}}{1+x}\,dx = 2\pi i e^{(a-1)\pi i} - \int_{C_r} f(z)\,dz$$
が得られる．次に $r \to +\infty$ を考えると (4.36) と全く同様に
$$\lim_{r\to +\infty}\left|\int_{C_r} f(z)\,dz\right| \leq \lim_{r\to +\infty}\int_0^{2\pi} \frac{r^a}{|1+re^{i\theta}|}\,d\theta = 0$$
となるので,
$$\int_0^\infty \frac{x^{a-1}}{1+x}\,dx = \frac{2\pi e^{(a-1)\pi i} i}{1-e^{2a\pi i}}$$
が得られる．ここで $e^{(a-1)\pi i} = -e^{a\pi i}$ に注意し,
$$\frac{2\pi e^{(a-1)\pi i} i}{1-e^{2a\pi i}} = \frac{-2\pi i}{e^{-a\pi i} - e^{a\pi i}} = \frac{\pi}{\sin a\pi}$$
となるので,
$$\int_0^\infty \frac{x^{a-1}}{1+x}\,dx = \frac{\pi}{\sin a\pi} \quad (0 < a < 1)$$
が得られる．

例 7. Fourier[23]変換 $\int_{-\infty}^\infty \frac{e^{-ix\xi}}{1+x^2}\,dx \quad (\xi \in \mathbb{R})$.

関数 $f(x)$ が与えられたとき，x を変数とする関数から ξ を変数とする関数への積分変換 $\int_{-\infty}^\infty e^{-ix\xi} f(x)\,dx$ を Fourier 変換 (Fourier transform) といい，数学，物理，工学等の多くの分野で広く利用されている．正確には，可積分な実関数 $f(x)$ に対して
$$\hat{f}(\xi) = \int_{-\infty}^\infty e^{-ix\xi} f(x)\,dx \quad (\xi \in \mathbb{R})$$
で定義される ξ の関数 $\hat{f}(\xi)$ を $f(x)$ の Fourier 変換像という．この計算は複素積分を用いて行われることが多く，この例では $\xi < 0$ のときは図 4.5 の積分路 Γ_r をとると
$$f(z) = \frac{e^{-i\xi z}}{1+z^2} = \frac{e^{-i\xi z}}{(z+i)(z-i)}$$

---
[23]フーリエ，Jean-Baptiste-Joseph Fourier (1768–1830).

4.3 留数解析

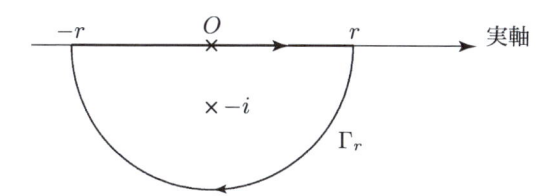

図 4.10 下半平面にある，原点を中心とする半径 r の扇形の閉曲線．

の極で Γ_r で囲まれる領域にあるのは $z = i$ であり，

$$\oint_{\Gamma_r} f(z)\,dz = 2\pi i\,\mathrm{Res}\,(i, f) = 2\pi i \times \frac{e^\xi}{2i} = e^\xi \pi.$$

また $\xi < 0$ より

$$\lim_{r \to +\infty} \left| \int_{C_r} \frac{e^{-i\xi z}}{1+z^2}\,dz \right| \leq \lim_{r \to +\infty} \int_0^\pi \left| \frac{e^{-i\xi r(\cos\theta + i\sin\theta)}}{1+re^{i\theta}} \right| r\,d\theta$$

$$= \lim_{r \to +\infty} \int_0^\pi \frac{re^{\xi r\sin\theta}}{|1+re^{i\theta}|}\,d\theta$$

$$= 0$$

となり，

$$\hat{f}(\xi) = \int_{-\infty}^\infty \frac{e^{-ix\xi}}{1+x^2}\,dx = \pi e^\xi \quad (\xi < 0)$$

を得る．一方 $\xi > 0$ のときは図 4.5 に代わって図 4.10 により閉曲線 Γ_r をとると，Γ_r に囲まれる極 $z = -i$ での留数は $\mathrm{Res}\,(-i, f) = -\dfrac{1}{2i}e^\xi$ であり，Γ_r の向きも考慮すると，

$$\hat{f}(\xi) = \int_{-\infty}^\infty \frac{e^{-ix\xi}}{1+x^2}\,dx = \pi e^{-\xi} \quad (\xi > 0)$$

を得る．この例では，$\hat{f}(\xi)$ の計算は，ξ の符号によって異なる積分路をとったことが特徴的である．

演習問題 4.13 例 3 の (4.29) および (4.30) を示せ．

演習問題 4.14 例 3 において図 4.8 で与えられる積分路 $\Gamma_{\varepsilon, r}$ を用いるとどうなるか．

演習問題 4.15 例 4 の (4.31) を示せ．

演習問題 4.16 例 5 の (4.32) および (4.33) を示せ.

演習問題 4.17 例 6 の (4.34), (4.35) および (4.36) を示せ.

演習問題 4.18 次の定積分の値を確認せよ.

(1) $\displaystyle\int_0^\infty \frac{dx}{(x^2+a^2)^2} = \frac{\pi}{4a^3}$ （ただし $a>0$）

(2) $\displaystyle\int_0^{\frac{\pi}{2}} \frac{d\theta}{a+\sin^2\theta} = \frac{1}{2\sqrt{a(a+1)}}$ （ただし $a>0$）

(3) $\displaystyle\int_0^{2\pi} \frac{d\theta}{1-2a\cos\theta+a^2} = \frac{2\pi}{1-a^2}$ （ただし $0<a<1$）

(4) $\displaystyle\int_0^\infty \sin x^2\, dx = \frac{\sqrt{2\pi}}{4}$

(5) $\displaystyle\int_0^\infty \frac{\log x}{(1+x^2)^2}\, dx = -\frac{\pi}{4}$

(6) $\displaystyle\int_{-\infty}^\infty \frac{e^{ax}}{1+e^x}\, dx = \frac{\pi}{\sin a\pi}$ （ただし $0<a<1$）

演習問題 4.19 n を非負の整数とするとき, $\displaystyle\int_0^\infty \frac{dx}{1+x^{2n+1}}$ の値を求めよ.

演習問題 4.20 定積分 $\displaystyle\int_0^\infty e^{ix^2} dx$ の値を求めよ.

演習問題 4.21 Fourier 変換 $\displaystyle\int_{-\infty}^\infty e^{-ix\xi} e^{-\alpha x^2} dx$ （ただし $\alpha>0$）を計算せよ.

第5章

解析関数と有理型関数

　第2章では冪級数を利用して解析関数を定義し，第3章において複素関数の解析性（解析関数であること）と正則性について述べた．また第4章においては1価な複素関数に対して孤立特異点における Laurent 展開を導入し，特異点の分類を行った．この特異点の中で"極"に注目し，領域 D 上の1価な複素関数で極を除いて正則であるものは有理型関数 (meromorphic function) と呼ばれる．本章では解析関数と有理型関数の性質の中で，最も基本的ないくつかの結果を紹介する．これらの結果は単に数学的な重要性以上に，物理学や工学，特に連続体力学などへの応用においても重要なものである．

　2.1節でも述べたように，複素数 z を実部と虚部とに分けて考えて $z = x + yi$ と表すことにより，複素数 z と点 (x, y) は同一視され，従って，複素平面 $\mathbb{C}$ と 2次元 Euclid 空間 $\mathbb{R}^2$ とを同一視することができる．この同一視によって複素平面上の集合 D は $\mathbb{R}^2$ の部分集合とも見なされるので，本章では誤解の生じない範囲で D 上の複素関数 $f(z)$ を特に断わりもなく $f(x, y)$ と表すこともある．また複素関数を $f = u + iv$ と表すときは，特に断わりがないときは，u と v とは複素関数 f の実部と虚部を表す実数値関数とし，ここでも $u(z)$ と $u(x, y)$ とを混同して用いることにする．

■ 5.1　解 析 接 続

　3つの係数をもつ2次式 $P_2(z) = az^2 + bz + c$ は，相異なる3点 z_1, z_2, z_3 での関数値を指定すると係数が一意的に定まり，$P_2(z)$ が一意的に決定される．実際，$P_2(z_1) = \alpha, P_2(z_2) = \beta, P_2(z_3) = \gamma$ とすると，a, b, c に関する連立方程式

$$az_1{}^2 + bz_1 + c = \alpha, \quad az_2{}^2 + bz_2 + c = \beta, \quad az_3{}^2 + bz_3 + c = \gamma$$

すなわち

$$\begin{pmatrix} z_1{}^2 & z_1 & 1 \\ z_2{}^2 & z_2 & 1 \\ z_3{}^2 & z_3 & 1 \end{pmatrix} \begin{pmatrix} a \\ b \\ c \end{pmatrix} = \begin{pmatrix} \alpha \\ \beta \\ \gamma \end{pmatrix} \tag{5.1}$$

に帰着される．線型代数で学習する Vandermonde[1)]行列式の知識を用いると，この連立方程式の係数行列は正則であり，相異なる 3 点での値から 3 つの係数が唯 1 つ定まることがわかる．解析関数は，2.4 節で定義した通り，絶対収束する冪級数で与えられ，$f(z)$ が z_0 で解析的であれば，z_0 の近傍では

$$f(z) = \sum_{n=0}^{\infty} a_n (z - z_0)^n \tag{5.2}$$

の形で与えられる．これを可算無限個の係数 $\{a_n\}_{n=0}^{\infty}$ をもつ "多項式" と考えると，相異なる可算無限個の点 $\{z_n\}_{n=1}^{\infty}$ での値から $f(z)$ が一意的に定まるのではないかと想像できる．このことを正確に述べるには，$f(z)$ の解析性と正則性[2)]をうまく利用することが必要となる．

D を複素平面 $\mathbb{C}$ の領域とし，z_0 を D の内点とするとき，$\inf_{z \in \partial D} |z - z_0|$ を点 z_0 と境界 ∂D との距離と呼び，$\mathrm{dist}\,(z_0, \partial D)$ と表すことにする．$D = \mathbb{C}$ のときは $\mathrm{dist}\,(z_0, \partial D) = +\infty$ としておく．3.4 節の系 3.8 および (3.44) を利用すると，(5.2) の冪級数は z_0 を中心とする半径 $r = \mathrm{dist}\,(z_0, \partial D)$ の開球 $B_r(z_0)$ で絶対収束し，

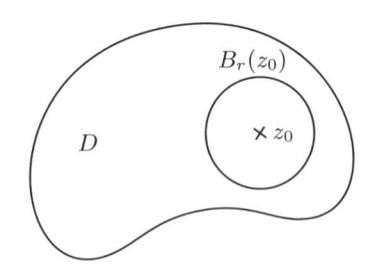

図 5.1 領域 D に含まれる開球 $B_r(z_0)$．

[1)] ヴァンデルモンド，Alexandre Théophile Vandermonde (1735–1796).
[2)] 領域 D 上の複素関数 $f(z)$ が z_0 で正則であることと解析的であることは，異なる定義であって，同値である（定理 3.12）．

$$f(z) = \sum_{n=0}^{\infty} a_n(z-z_0)^n, \qquad z \in B_r(z_0) \tag{5.3}$$

の冪級数の形で表されることに注意しておく．このとき以下の命題が成立する．

> **命題 5.1** D は複素平面 $\mathbb{C}$ の領域で，$f(z)$ は D 上の正則関数とする．このとき，ある $z_0 \in D$ で $f^{(n)}(z_0)^{3)} = 0$ $(n = 0, 1, 2, \ldots)$ であれば，$f(z)$ は開球 $B_r(z_0)$ $(r = \mathrm{dist}\,(z_0, \partial D))$ 上で恒等的に 0 である．

証明 $f(z)$ は $|z - z_0| < \mathrm{dist}\,(z_0, \partial D)$ において (5.3) の冪級数の形で与えられるが，この係数 $\{a_n\}$ は $f(z)$ の Taylor 展開によって求められるので，

$$a_n = \frac{f^{(n)}(z_0)}{n!} = 0 \quad (n = 0, 1, 2, \ldots).$$

故に $|z - z_0| < \mathrm{dist}\,(z_0, \partial D)$ において $f(z)$ は恒等的に 0 である． □

> **命題 5.2** 命題 5.1 と同じ仮定のとき，$f(z)$ は領域 D 上で恒等的に 0 である．

証明 D は $\mathbb{C}$ の領域（連結開集合）であるので弧状連結（→ 定理 1.6）であり，D 上の任意の点 α は z_0 と折れ線 L で結ぶことができる．このとき折れ線 L と境界 ∂D との距離を考え

$$d := \inf_{z \in L} \mathrm{dist}\,(z, \partial D)$$

とすると，$d > 0$ である．まず命題 5.1 により，開球 $B_d(z_0) = \{\,z \mid |z - z_0| < d\,\}$ において $f(z)$ は恒等的に 0 である．次に図 5.2 のように，L と円周 $\partial B_d(z_0)$ との交点と z_0 との中点を z_1 とすると，$f^{(n)}(z_1) = 0$ $(n = 0, 1, 2, \ldots)$ となるので，再び命題 5.1 によって開球 $B_d(z_1)$ において $f(z)$ は恒等的に 0 となる．この議論を L に沿って繰り返すと，ある k 回目で α は開球 $B_d(z_k)$ に含まれ，また $f(z)$ はこの開球 $B_d(z_k)$ で恒等的に 0 となる．すなわち任意の $\alpha \in D$ において $f(\alpha) = 0$ となり，$f(z)$ は領域 D 上で恒等的に 0 である． □

---

3) $f^{(n)}(z)$ は $f(z)$ の第 n 階導関数である．ただし $f^{(0)}(z) = f(z)$．

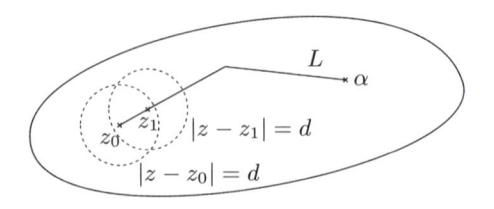

図 5.2 点 z_0 から点 α に至る折れ線 L.

系 5.1 D を複素平面 $\mathbb{C}$ の領域とし，$f(z)$ と $g(z)$ は D 上の正則関数とする．このときある $z_0 \in D$ において $f^{(n)}(z_0) = g^{(n)}(z_0)$ $(n = 0, 1, 2, \ldots)$ が成立すれば，この 2 つの正則関数は領域 D 上で相等しい．

以上の準備のもとで得られるのが**一致の定理** (theorem of identity) であり，正則関数の性質の中で最も重要なものの 1 つである．

定理 5.1 D を複素平面 $\mathbb{C}$ の領域とし，$a \in D$ とする．$f(z)$ は D 上の正則関数，$\{z_n\}_{n=1}^{\infty}$ は a を含まない D の点列で点 a に収束しているとする．このとき $f(z_n) = 0$ $(n = 1, 2, \ldots)$ であれば，$f(z)$ は D において恒等的に 0 である．

証明 $f(z)$ は $a \in D$ において解析的であるので，その冪級数展開を

$$f(z) = \sum_{k=0}^{\infty} a_k (z-a)^k \tag{5.4}$$

とし，その収束半径を r とする．点列 $\{z_n\}$ は a に収束するので，$\{z_n\} \subset B_r(a)$ と考えても問題はない[4]．正則関数 $f(z)$ は連続であるから

$$f(a) = \lim_{n \to +\infty} f(z_n) \tag{5.5}$$

であり，$a_0 = f(a) = 0$ が成立する．従って (5.4) より

$$f(z) = (z-a) \sum_{k=1}^{\infty} a_k (z-a)^{k-1}$$

となる．ここで $f_1(z)$ を $f(z) = (z-a)f_1(z)$ により定めると，

---

[4] 点列の収束 $z_n \to a$ の定義から，$\{z_n\}_{n=1}^{\infty}$ で $B_r(a)$ に含まれないものは高々有限個なので，それらを除いて再び番号づけをして $\{z_{n'}\}_{n'=1}^{\infty} \subset B_r(a)$ とすればよい．

$$f_1(z) := \sum_{k=1}^{\infty} a_k(z-a)^{k-1}, \quad f_1(z_n) = 0 \quad (n \geq 1)$$

となり，再び (5.5) の極限と同じ考え方をすると $a_1 = 0$ が従う．以下この操作を繰り返して $a_n = 0$ $(n = 0, 1, 2, \ldots)$ となり，$f^{(n)}(a) = 0$ が得られるので，命題 5.2 から $f(z)$ は領域 D 上で恒等的に 0 となる．□

> **系 5.2** （一致の定理） D を複素平面 $\mathbb{C}$ の領域とし，$\{z_n\}_{n=1}^{\infty}$ は相違なる点からなる D 内の有界点列とする．$f(z)$ と $g(z)$ は D の閉包 $\overline{D}$ 上の正則関数 ($\overline{D}$ を含むある領域での正則関数) で，$f(z_n) = g(z_n)$ $(n = 0, 1, 2, \ldots)$ を満たしているとき，この 2 つの関数 $f(z)$ と $g(z)$ は $\overline{D}$ 上で相等しい．

証明 $\{z_n\}_{n=1}^{\infty}$ は有界点列であるので，Bolzano-Weierstrass の定理（定理 1.4）から，部分列 $\{z_{n'}\}$ は $\overline{D}$ のある点 a に収束する．$\varphi(z)$ を $\varphi(z) := f(z) - g(z)$ とすると $\varphi(z)$ は $\overline{D}$ を含むある領域の正則関数であり，a に収束する $\{z_{n'}\}$ に対して $\varphi(z_{n'}) = 0$ を満たしている．従って $\varphi(z)$ はこの領域で恒等的に 0 であるので，$f(z)$ と $g(z)$ は $\overline{D}$ 上で相等しい．□

この系 5.2 が本節の冒頭の問への 1 つの回答であり，(5.2) で与えられる解析関数 $f(z)$ は，D の内部に集積点をもつ（有界な）可算無限個の点上での値がわかれば，一意的に定まる．この系 5.2 から，さらに次の系 5.3 が得られる．

> **系 5.3** D を複素平面 $\mathbb{C}$ の領域とし，l を D に含まれる曲線とする．$f(z)$ と $g(z)$ は D 上の正則関数で，この曲線 l 上で $f(z) = g(z)$ が成立しているとすると，この 2 つの関数 $f(z)$ と $g(z)$ は領域 D 上で相等しい．

D_f と D_g を複素平面の 2 つの領域とし，$D_f \neq D_g$ かつ $D_f \cap D_g \neq \emptyset$ とする．領域 D_f 上の正則関数 $f(z)$ と領域 D_g 上の正則関数 $g(z)$ は，共通部分 $D_f \cap D_g$ 上では値が等しいとする．このとき，D_f と D_g の合併からなる領域 $\Omega := D_f \cup D_g$ において次の定義により 2 つの複素関数 $F(z)$ と $G(z)$ を考える：

$$\Omega = D_f \cup D_g$$

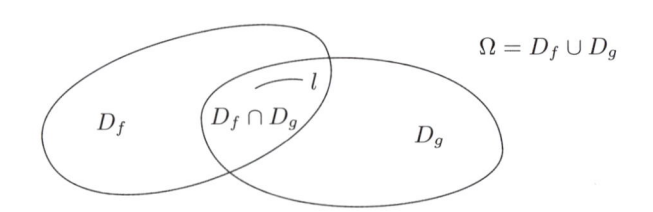

図 5.3 関数 $F(z)$ と $G(z)$ の定義域.

$$F(z) = \begin{cases} f(z) & (z \in D_f) \\ g(z) & (z \in \Omega \setminus D_f) \end{cases}, \qquad G(z) = \begin{cases} f(z) & (z \in \Omega \setminus D_g) \\ g(z) & (z \in D_g) \end{cases} \quad (5.6)$$

明らかに $F(z)$ と $G(z)$ はともに領域 Ω 上の正則関数である．仮定から共通部分 $D_f \cap D_g$ は空集合でない開集合であり，$D_f \cap D_g$ の中に適当に曲線 l をとることができるが，この l 上で $F(z) = G(z)$ が成立している．従って系 5.3 より 2 つの正則関数 $F(z)$ と $G(z)$ は領域 Ω 上で一致している．このことは領域 D_f 上の正則関数 $f(z)$ が D_f を含む領域 Ω に拡張されることを意味しており，領域 D_g 上の正則関数 $g(z)$ についても同様である．ある領域上で定義された正則関数を，正則性（すなわち解析性）を保ってその定義域を拡張する[5]ことを**解析接続** (analytic continuation) または解析的延長という．この用語を用いると，上述の例は「領域 D_f 上の正則関数 f が領域 Ω 上の正則関数 F に解析接続された」という．またこの例では予め領域 D_g 上の正則関数 g が与えられているので，$f(z)$ の $g(z)$ への直接解析接続ということもある．

解析接続では "解析関数" という概念は一意的に定められるが，関数値については複素関数は一般に多価性を許しているので，次のことに注意しておく必要がある．図 5.4 のように 2 つの領域 D_f と D_g の共通部分 $D_f \cap D_g$ が連結ではなく，互いに共有点をもたない 2 つの開集合 A, B があって $D_f \cap D_g = A \cup B$ であるとしよう．もしも $f(z) = g(z)\ (z \in A)$ が成立していれば，D_f 上の正則関数 f は $\Omega = D_f \cup D_g$ 上の正則関数に解析接続されるが，他方の共通部分

---

[5] 複素平面 $\mathbb{C}$ の領域上の複素関数については正則性と解析性は同値であるので，解析性を保って定義域を拡張することを意味している．

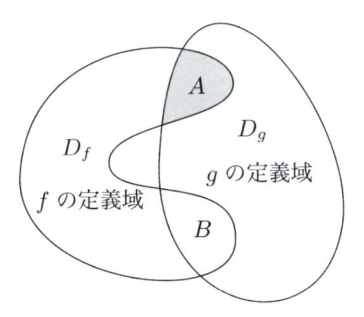

図 5.4　D_f と D_g の共通部分が連結でない場合.

B 上で $f(z) = g(z)$ が成立するとは限らない．すなわち B 上で $f(z) \neq g(z)$ の場合は，解析接続で得られた正則関数は領域 B 上では多価[6]になっていると解釈する．解析接続が一意的であることと，領域 B 上の関数値が一意的であることは異なることに注意する．

解析接続の議論では解析接続をする方向を予め定めて曲線を与え，その曲線に沿って解析接続を行う場合があるが，これを**曲線（パス）に沿う解析接続** (analytic continuation along a path) という．具体的には領域 D の複素関数 f を考え，この関数が D 内の 1 点 a において解析的であるとする．このとき $f(z)$ はある開球 $B_r(a)$ において冪級数 (5.4) により与えられる．ここで $f(z)$ の解析性を知りたい点 $b \in D$ を定め，点 a を始点として点 b を終点とする曲線（パス）l を考える．開球 $B_r(a)$ 内で l 上の点 z_1 では $f(z)$ は正則であり，この z_1 で再び f の冪級数展開を考えることができる．z_1 での収束円 $B_{r_1}(z_1)$ が $B_r(a)$ に含まれないときは，$f(z)$ は $B_r(a) \cup B_{r_1}(z_1)$ まで解析接続される．次に開球 $B_{r_1}(z_1)$ 内で l 上の点 z_2 において同様の冪級数展開を考え，$B_{r_2}(z_2)$ が $B_r(a) \cup B_{r_1}(z_1)$ に含まれていなければ，$f(z)$ は $B_r(a) \cup B_{r_1}(z_1) \cup B_{r_2}(z_2)$ まで解析接続される．この議論を繰り返すことが可能で，さらにある z_n についてそこでの収束円 $B_{r_n}(z_n)$ が点 b を含んでいれば，$f(z)$ は点 b において正則（すなわち解析的）であることがわかる．ここでは Weierstrass に倣って曲線に沿う解析接続を冪級数によって実現する

---

[6] 解析接続で得られた正則関数が 1 価であるか否かは重要な問題で，精密な議論については "一価性定理 (monodromy theorem)" などがあるが，本書では触れないことにする．

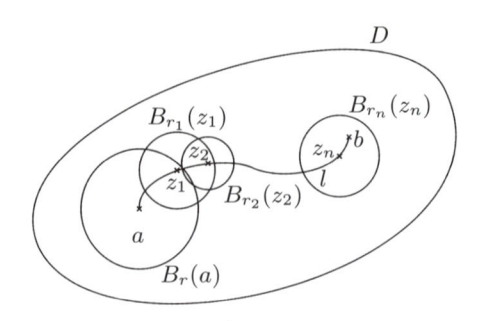

図 5.5　曲線 l に沿う解析接続.

方法を述べたが，一般には曲線 l に沿う領域の列がとれて，そこでの直接解析接続を繰り返すことが可能であれば，曲線に沿う解析接続は実現される．

D を複素平面 $\mathbb{C}$ の領域とし，D の共役複素数の全体すなわち $D^* := \{\, z \mid \overline{z} \in D \,\}$ によって領域 D^* を定めると，D^* は実軸に関して D と対称な位置にある．このとき $f(z)$ が D 上の正則関数であれば，$f^*(z) := \overline{f(\overline{z})}$ は D^* 上の正則関数である（→ 演習問題 5.5）．今 $D = D^*$ となる場合を考えると，D は実軸について対称な図形である．この領域 D を実軸を基準にして 3 つに分け，実軸より上方の領域を D^+ と表す．すなわち $D^+ := \{\, z \mid z \in D$ かつ $\mathrm{Im}(z) > 0 \,\}$ とし，同様に実軸より下方の領域を D^- と表す．さらにこの領域と実軸の共通部分を γ とすると，$D = D^+ \cup \gamma \cup D^-$ である．$f(z)$ を D 上の正則関数で γ 上では実数値であるとすると，D の各点で $f(z) = \overline{f(\overline{z})}$ が成立する．実際 $g(z) = f(z) - \overline{f(\overline{z})}$ とすると $g(z)$ は領域 D 上の正則関数であり，γ 上では $g(z) = f(z) - \overline{f(\overline{z})} = 0$[7] である．ここで系 5.3 を用いると $g(z)$ は D 上

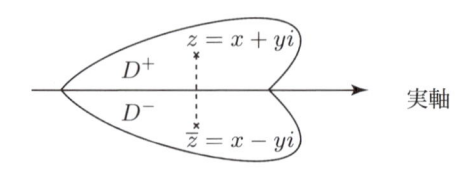

図 5.6　$D = D^*$ を満たす実軸について対称な領域.

---

[7] γ 上では z も $f(z)$ も実数なので，$z \in \gamma$ で $z = \overline{z}$ かつ $f(z) = \overline{f(z)}$ が成立している．

で恒等的に0となり，$f(z) = \overline{f(\overline{z})}$ が成立する．このことは D^+ 上の正則関数が γ 上で実数値であれば，D^- 上の正則関数 $\overline{f(\overline{z})}$ に直接解析接続ができることを期待させる．正確に述べると次のようになる．

定理 5.2 (**Schwarz**[8]の鏡像の原理) 複素平面 $\mathbb{C}$ の領域 D は実軸に関して対称であり，実軸より上方（虚部が正）の領域を D^+，実軸より下方（虚部が負）の領域を D^-，D と実軸との共通部分を γ とする．$f(z)$ は $D^+ \cup \gamma$ 上の連続な複素関数で，D^+ では正則であり，さらに γ 上では実数値であるとする．このとき

$$F(z) := \begin{cases} f(z) & z \in D^+ \cup \gamma \\ \overline{f(\overline{z})} & z \in D^- \end{cases}$$

により複素関数 $F(z)$ を定義すると，$F(z)$ は D 上の正則関数である．

この定理は実軸の上方で与えられた正則関数をその対称領域（鏡像）の正則関数に解析接続するもので，鏡像の原理 (principle of reflection) と呼ばれ，Riemann によって設定された問題を Schwarz が精密化した結果の特別な場合である．さらに一般化し，求長可能な曲線を越える解析接続については Painlevé[9] の定理があるが，本書ではその精細は割愛することにする．

定理 5.2 の証明 $f(z)$ が D^+ で正則であることから，$F(z)$ が D^+ と D^- で正則であることは自明であるので，証明すべきことは $z \in \gamma$ における正則性である．ここでは Morera の定理を用いるが，積分は一般の Jordan 閉曲線ではなく，三角形を用いて議論すれば十分である（→ 演習問題 3.12）．γ を含む D のある領域を Γ とし，$\triangle ABC$ を γ と共有点をもつ領域 Γ の任意の三角形とする（図 5.7）．ここでは B と C が下半平面にある場合を考え，図のように辺 AB と γ，辺 CA と γ との共有点をそれぞれ D, E とし，上半平面で D と E から ε の距離にある点をそれぞれ $D_\varepsilon, E_\varepsilon$ とする．このとき積分路を分割すると

---

[8] シュワルツ，Hermann Amandus Schwarz (1843–1921).
[9] パンルヴェ，Paul Painlevé (1863–1933).

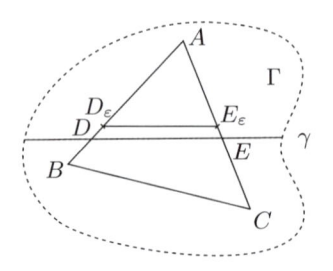

図 5.7 γ の近傍 Γ に含まれる三角形.

$$\oint_{\partial(\triangle ABC)} F(z)\, dz^{10)} = \int_{AD} + \int_{DB} + \int_{BC} + \int_{CE} + \int_{EA}$$
$$= \left(\int_{AD} + \int_{DE} + \int_{EA}\right) + \left(\int_{DB} + \int_{BC} + \int_{CE} + \int_{ED}\right) \tag{5.7}$$

となるが，$f(z)$ は $D^+ \cup \gamma$ 上で連続であるので

$$\lim_{\varepsilon \to 0} \oint_{D_\varepsilon DEE_\varepsilon} f(z)\, dz = 0 \tag{5.8}$$

が成立する．従って (5.7) の第 1 項について，Cauchy の積分定理より

$$\int_{AD} + \int_{DE} + \int_{EA} = \lim_{\varepsilon \to 0} \left(\int_{AD_\varepsilon} + \int_{D_\varepsilon E_\varepsilon} + \int_{E_\varepsilon A}\right) = 0.$$

(5.7) の第 2 項についても同様の計算ができるので，

$$\oint_{\partial(\triangle ABC)} F(z)\, dz = 0$$

となる．また $\triangle ABC$ の 1 つの頂点だけが下半平面にある場合も，全く同様に計算できるので，$F(z)$ は γ 上で正則であることがわかる．□

演習問題 5.1 (5.1) の係数行列の行列式を求め，z_1 と z_2 と z_3 が互いに相異なるとき，この行列式の値が 0 でないことを計算によって示せ．

演習問題 5.2 収束半径の定義（定義 2.6）を確認し，(5.3) の開球の半径が $r \geq$

[10)] $\partial(\triangle ABC)$ は $\triangle ABC$ の三辺を意味する．

dist $(z_0, \partial D)$ であることを確認せよ．

演習問題 5.3 (1) 対数関数の主枝 $\mathrm{Log}\, z\ (-\pi < \arg z < \pi)$ の $z = 1$ における Taylor 展開を求めよ．
(2) $F(z) = \int_1^z \frac{1}{\zeta}\, d\zeta\ (-\pi < \arg z < \pi)$ のとき，(1) で与えた冪級数はその収束円の外側では $F(z)$ に解析接続されることを示せ．

演習問題 5.4 (1) 恒等的に 0 ではない正則関数の零点が無限個あるときは，零点の集合は領域内に集積点をもたないことを示せ．
(2) 正数 R に対して $0 < |z| < R$ 上で $f(z) = \sin\frac{1}{z}$ を考える．このとき $f(z)$ は可算無限個の零点をもつにも関わらず $f(z)$ は恒等的に 0 ではない．この事実を一致の定理と比較して説明せよ．

演習問題 5.5 $\mathbb{C}$ 上の領域 D に対して $D^* := \{\, z \mid \overline{z} \in D\,\}$ とする．$f(z)$ を D 上の正則関数とするとき，$\overline{f(\overline{z})}$ は D^* 上の正則関数であることを示せ．また D^* 上の複素関数 $f(\overline{z})$ は D^* 上の正則関数とは限らないことを示せ．

演習問題 5.6 $f(z)$ の一様連続性を利用して，(5.8) を証明せよ．また (5.7) の第 2 項について，積分の和が 0 であることを詳しく示せ．

■ 5.2 最大値の原理

D を複素平面 $\mathbb{C}$ の有界領域とし，$f(z)$ は閉包 $\overline{D}$ 上の正則関数とする．ここで $z_0 \in D$ に対して D に含まれる半径 r の開球 $B_r(z_0)$ を考えて Cauchy の積分公式を適用すると

$$f(z_0) = \frac{1}{2\pi i} \oint_{\partial B_r(z_0)} \frac{f(\zeta)}{\zeta - z_0}\, d\zeta = \frac{1}{2\pi} \int_0^{2\pi} f(z_0 + re^{i\theta})\, d\theta \tag{5.9}$$

となる．従って

$$|f(z_0)| \leq \frac{1}{2\pi} \int_0^{2\pi} |f(z_0 + re^{i\theta})|\, d\theta \tag{5.10}$$

が成立し，z_0 における関数値の絶対値 (modulus) は，半径 r の円周上の関数値の絶対値の積分平均[11]以下である．すなわち $|f(z_0)|$ は点 z_0 を中心とするこの点のまわりの（D に含まれるような）<u>全ての円周</u>上における絶対値の"平均値"以下の値であり，従って z_0 の近傍では $|f(z_0)|$ は $|f(z)|$ の極大値に

---

[11] 区間 $[a,b]$ 上の実数値関数 $g(x)$ に対して，$\frac{1}{b-a}\int_a^b g(x)\, dx$ を「$[a,b]$ 上の $g(x)$ の積分平均」という．

はなり得ない．この z_0 は有界領域 D の任意の点であるので，精密化して述べれば次の定理の成立がわかる．

> **定理 5.3** （正則関数の最大値の原理[12]）　D は複素平面 $\mathbb{C}$ の有界領域，$f(z)$ は D 上で正則であり，その閉包 $\overline{D}$ 上で連続であるとする．このとき $f(z)$ が D 上で定数でなければ
> $$|f(z)| < \max_{\zeta \in \partial D}|f(\zeta)| \qquad (z \in D)$$
> が成立する．

証明　証明には数学独特の論の展開が必要である．$M = \sup_{z \in D}|f(z)|$ とすると，$f(z)$ の連続性から実数値関数 $|f(z)|$ が有界閉集合 $\overline{D} = D \cup \partial D$ 上で連続であるので，M は有限確定している．従って $z \in D$ においては $|f(z)| \leq M$ が成立する．以下では背理法を用いることにする．$f(z)$ が定数でない場合に，$|f(z_0)| = M$ を満たす z_0 が D の内部にあったとする．このとき

$$D_1 = \{z \mid z \in D \text{ かつ } |f(z)| = M\}$$
$$D_2 = \{z \mid z \in D \text{ かつ } |f(z)| < M\}$$

とすると，$f(z)$ が定数でないことから D_2 は空集合ではない．また $z_0 \in D_1$ より，D_1 も空集合ではない．$|f(z)|$ の連続性から D_2 は開集合である．ここで $z_0 \in D_1$ において (5.10) を用いると，

$$M = |f(z_0)| \leq \frac{1}{2\pi}\int_0^{2\pi}|f(z_0 + re^{i\theta})|\,d\theta \leq M$$

となり，$B_r(z_0) \subset D$ を満たす全ての正数 r について

$$\int_0^{2\pi}|f(z_0 + re^{i\theta})|\,d\theta = 2\pi M \tag{5.11}$$

が成立することになる．$|f(z)|$ は連続関数であるから $|f(z_0 + re^{i\theta})| = M\,(0 \leq$

---

[12] 絶対値 (modulus) についての最大値を考えるので，英語ではこの定理を Maximum Modulus Principle と呼ぶ．

$\theta \leq 2\pi$) が成立し，$B_r(z_0) \subset D_1$ となり z_0 は D_1 の内点すなわち D_1 は開集合であることがわかる．これにより

$$D = D_1 \cup D_2, \quad D_1 \neq \emptyset, \quad D_2 \neq \emptyset$$

となるが，これは D が領域（すなわち連結な開集合）であることと矛盾するので，$z \in D$ においては $|f(z)| < M$ であることがわかる．

一方 $\max_{\zeta \in \partial D} |f(\zeta)|$ は存在するので，定理の結論が証明される．□

$|f(z)|$ の上限が非有界である場合も含めると，次の系が成立する．

系 5.4 D は複素平面 $\mathbb{C}$ の領域で，$f(z)$ は閉包 $\overline{D}$ 上では連続で，D においては正則であって定数でないとすると，

$$|f(z)| < \sup_{\zeta \in \partial D} |f(\zeta)| \quad (z \in D)$$

が成立する．

$|f(z)|$ の最小値についても同様の議論ができるが，$f(z)$ が零点をもつ場合は $\inf_{z \in D} |f(z)| = 0$ となるので，この場合は除外しておかねばならない．$f(z)$ が零点をもたないとき，$\frac{1}{f(z)}$ に定理 5.3 を適用することで，次の結果が得られる．

系 5.5 (**最小値の原理**) D は複素平面 $\mathbb{C}$ の領域で，$f(z)$ は閉包 $\overline{D}$ 上では連続で，D においては正則であって定数ではなく，さらに $f(z)$ は D に零点をもたないとする．このとき

$$|f(z)| > \inf_{\zeta \in \partial D} |f(\zeta)| \quad (z \in D)$$

が成立する．

最大値の原理を用いると，整関数の $|z| \to +\infty$ のときの挙動から $f(z)$ の性質を調べることができる．$f(z)$ を整関数とし，原点での冪級数展開を $f(z) = \sum_{n=0}^{\infty} a_n z^n$ とすると，Taylor 係数に対する Cauchy の評価式から

$$|a_n| \leq \frac{M(r)}{r^n}, \quad M(r) = \max_{\zeta \in \partial B_r(0)} |f(\zeta)| \quad (r > 0) \tag{5.12}$$

が成立する．このとき最大値の原理より $M(r)$ は r の増加関数[13]であること に注意する．この (5.12) に現れる $M(r)$ の増大度から，整関数 $f(z)$ が多項 式であるかどうかが判定される．

> **命題 5.3** 整関数 $f(z)$ に対して $M(r) := \max_{\zeta \in \partial B_r(0)} |f(\zeta)|$ と する．正数 R_0, C と非負数 m が存在して $M(r) \leq Cr^m$ $(r > R_0)$ が成 立するとき，$f(z)$ は多項式であって，その次数は m を超えない．

証明 (5.12) より $r > R_0$ では $|a_n| \leq Cr^{m-n}$ が成立することになる． ここで $m - n < 0$ であれば，

$$\forall \varepsilon > 0, \exists R_1 (> R_0) \text{ such that } r > R_1 \Rightarrow |a_n| < \varepsilon$$

が成立し，$a_n = 0$ $(n > m)$ となる．従って $f(z)$ は多項式であり，その次数 は m を超えない．□

この定理は Liouville の定理（定理 3.13）の一般化であり，例えば整関数 $f(z)$ が $|z| > R$ で $|f(z)| < C(1 + |z|^{1/2})$ を満たしていれば，$f(z)$ は定数で あることがわかる．

最大値の原理を用いると，円形領域での正則関数の詳しい性質も調べるこ とができる．$f(z)$ は原点を中心とする半径 R の開球 $B_R(0)$ 上の有界な正則 関数で，$f(0) = 0$ とする．$g(z) = \frac{f(z)}{z}$ によって $g(z)$ を定義すると，$z = 0$ は除去可能な特異点で（→ 定理 4.2），$g(z)$ も $B_R(0)$ 上の正則関数である． $M = \sup_{z \in B_R(0)} |f(z)|$ として $g(z)$ に最大値の原理を適用すると，$0 \leq |z| < r$ のとき，

$$|g(z)| \leq \max_{|\zeta|=r} \left|\frac{f(\zeta)}{\zeta}\right| \leq \frac{M}{r}$$

となり，この評価を R まで考えると，

$$|f(z)| \leq \frac{M}{R}|z|, \quad z \in B_R(0)$$

が成立する．また $\lim_{z \to 0} g(z) = f'(0)$ であるので，$z \to 0$ の極限を考えると

$$|f'(0)| \leq \frac{M}{R}$$

---

[13] $0 < r_1 < r_2$ のとき，$f(z)$ が定数でないことから $0 < M(r_1) < M(r_2)$ が成立する．

が成立する．ここでもしも $|f'(0)| = \frac{M}{R}$ またはある $z_0 \in B_R(0)$ において $|f(z_0)| = \frac{M}{R}|z_0|$ が成立すると，最大値の原理により $f(z)$ は定数でなければならず，ある実数 θ が存在して

$$f(z) = e^{i\theta} \frac{M}{R} z$$

となる．これをまとめたものが Schwarz の補題 (Schwarz's lemma) で，円板上の正則関数の評価にしばしば用いられる．

> **定理 5.4** (**Schwarz の補題**)　$f(z)$ は原点を中心とする半径 R の開球 $B_R(0)$ 上の有界な正則関数で，$f(0) = 0$ を満たしているとする．このとき $M = \sup_{z \in B_R(0)} |f(z)|$ とすると，
>
> $$|f(z)| \leq \frac{M}{R} \quad \text{かつ} \quad |f'(0)| \leq \frac{M}{R} \tag{5.13}$$
>
> が成立する．このとき (5.13) の 2 つの不等式の中の等号の 1 つが成立する場合は，ある実数 θ が存在して $f(z) = e^{i\theta} \frac{M}{R} z$ $(z \in B_R(0))$ である．

> **系 5.6**　D を原点を中心とする半径 1 の開円板 $D = \{z \mid |z| < 1\}$ とする．$f(z)$ が D 上の正則関数で $f(0) = 0$ かつ $|f(z)| \leq 1$ $(z \in D)$ を満たすとき，$|f'(0)| \leq 1$ かつ $|f(z)| \leq |z|$ $(z \in D)$ が成立する．また $|f'(0)| = 1$ またはある z_0 で $|f(z_0)| = |z_0|$ が成立すれば，ある実数 θ が存在して $f(z) = e^{i\theta} z$ と表される．

演習問題 5.7　定理 5.3 の証明において，D_2 が開集合であることを示せ．

演習問題 5.8　$f(z)$ は原点を中心とする半径 1 の開円板上の正則関数で，$f(0) = 0$ とする．このとき $\sum_{n=1}^{\infty} f(z^n)$ は $|z| < 1$ において正則であることを示せ．

5.3　Cauchy-Riemann 方程式

まず多変数の微積分の復習から始めよう．開集合 $D \subset \mathbb{R}^2$ 上の実数値関数 $u(x, y)$ が点 (x_0, y_0) で**全微分可能** (totally differentiable) であるとは，2.1 節で導入した Landau の記号を用いると

$$u(x_0 + h_x, y_0 + h_y) = u(x_0, y_0) + a_1 h_x + a_2 h_y + o\left(\sqrt{h_x{}^2 + h_y{}^2}\right)$$

が成立するような $(a_1, a_2) \in \mathbb{R}^2$ が存在することである．従って $h = (h_x, h_y)^T \in \mathbb{R}^2$ に対して $|h| = \sqrt{h_x{}^2 + h_y{}^2}$ とすると，$u(x, y)$ が点 (x_0, y_0) で全微分可能とは

$$\exists a = (a_1, a_2) \in \mathbb{R}^2 \text{ s.t. } u(x_0 + h_x, y_0 + h_y) \\ = u(x_0, y_0) + ah + o(|h|) \tag{5.14}$$

と表される．ここで $a = (a_1, a_2)$ と $h = (h_x, h_y)^T$ に対して，ah は行列の積のルールで計算する．h_x と h_y が独立に変化することで h は<u>全ての方向を動く</u>ことになるので，点 (x_0, y_0) における関数値 $u(x_0, y_0)$ とこの点のまわりの全ての点 $(x_0 + h_x, y_0 + h_y)$ との値との変化量 $u(x_0 + h_x, y_0 + h_y) - u(x_0, y_0)$ を (5.14) では考えていることになる．$h_y = 0$ あるいは $h_x = 0$ の場合に限定して変化量を考えるのが偏微分であるから，全微分可能であれば偏微分可能であり，(5.14) の a は

$$a_1 = \frac{\partial u}{\partial x}(x_0, y_0), \quad a_2 = \frac{\partial u}{\partial y}(x_0, y_0) \tag{5.15}$$

である．複素微分の定義 (定義 2.2) を思い出すと，$z_0 = x_0 + y_0 i, h = h_x + h_y i$ とすると $f(z_0 + h) - f(z_0)$ は点 z_0 のまわりの全ての点 $z_0 + h$ と点 z_0 との値の変化量を考えることに相当しており，複素微分可能であれば実部 u と虚部 v はそれぞれ全微分可能であることがわかる．さらに詳しく考えると，次の定理が成立する．

> **定理 5.5** D を複素平面 $\mathbb{C}$ 上の開集合とし，D 上の 2 つの実数値関数 u と v が x, y について全微分可能であって，
> $$\frac{\partial u}{\partial x} = \frac{\partial v}{\partial y}, \quad \frac{\partial u}{\partial y} = -\frac{\partial v}{\partial x} \tag{5.16}$$
> を満たすとき，複素関数 $f(x, y) = u(x, y) + iv(x, y)$ は D 上の正則関数 (ただし $z = x + yi$) である．逆に D 上の複素関数 $f(z) = u(z) + iv(z)$ が正則であれば，u と v とは全微分可能であって (5.16) を満足する．

5.3 Cauchy-Riemann 方程式

証明 (5.16) を満たす全微分可能な 2 つの関数 u, v に対して $f = u + iv$ とするとき，$z = x + yi$, $h = h_x + h_y i$ とすると，(5.16) を用いて計算すると

$$
\begin{aligned}
f(z+h) &= u(z+h) + iv(z+h) \\
&= \left\{ u(x,y) + \frac{\partial u}{\partial x} h_x + \frac{\partial u}{\partial y} h_y + o(h_x) \right\} \\
&\quad + i\left\{ v(x,y) + \frac{\partial v}{\partial x} h_x + \frac{\partial v}{\partial y} h_y + o(h_y) \right\} \\
&= u(x,y) + iv(x,y) + \frac{\partial u}{\partial x}(h_x + ih_y) \\
&\quad + i\frac{\partial v}{\partial x}(h_x + ih_y) + o(h)^{14)}
\end{aligned}
$$

が得られる．ここで $A = \frac{\partial u}{\partial x} + i\frac{\partial v}{\partial x}$ とすると

$$f(z+h) = f(z) + Ah + o(h)$$

が成立することになり，f は D の各点で（z について）微分可能となり，D 上の正則関数である．

逆に $f(z)$ を D 上の正則関数として $f = u + iv$ とすると，$f(z)$ の複素微分可能性は u と v の (x, y) に関する全微分可能性を意味している．複素微分可能性の定義 2.2 より

$$
\begin{aligned}
&u(x+h_x, y+h_y) + iv(x+h_x, y+h_y) \\
&= u(x,y) + iv(x,y) + (a_1 + a_2 i)(h_x + h_y i) + o(h)
\end{aligned}
$$

が成立するが，$h_y = 0$ すなわち $h = h_x + 0i$ の場合を考えると

$$a_1 = \frac{\partial u}{\partial x}, \quad a_2 = \frac{\partial v}{\partial x} \tag{5.17}$$

が得られる．同様に $h = 0 + h_y i$ の場合から

$$a_1 = \frac{\partial v}{\partial y}, \quad a_2 = -\frac{\partial u}{\partial y} \tag{5.18}$$

---

14) $h = h_x + h_y i$ に対して $o(h_x) + io(h_y)$ と $o(h)$ とは同一の量を表していることに注意する．

が得られ，この (5.17) と (5.18) とを比較することで (5.16) が得られる．□

この定理の証明は，正則関数の導関数の計算方法も与えてくれている．すなわち正則関数 $f(z) = f(x,y) = u(x,y) + iv(x,y)$ については，(5.17) と (5.18) から

$$f'(z) = \frac{\partial u}{\partial x}(x,y) + i\frac{\partial v}{\partial x}(x,y) = \frac{\partial v}{\partial y}(x,y) - i\frac{\partial u}{\partial y}(x,y)$$

が成立する．(5.16) の関係式は **Cauchy-Riemann** 方程式と呼ばれるもので，正則関数の実部と虚部とを特徴づける重要な方程式である．この Cauchy-Riemann 方程式は，行列形で

$$\frac{\partial}{\partial x}\begin{pmatrix} u \\ v \end{pmatrix} = \begin{pmatrix} 0 & 1 \\ -1 & 0 \end{pmatrix} \frac{\partial}{\partial y}\begin{pmatrix} u \\ v \end{pmatrix} \tag{5.19}$$

と表すこともできる．

Cauchy-Riemann 方程式を用いると，Gauss の発散定理から Cauchy の積分定理（定理 3.8）を証明することが可能である．本書では Cauchy の積分定理は Goursat の方法によって既に証明しているが，微積分の応用として再び証明を与えてみよう．

Gauss の発散定理は多変数の積分の中で最も重要な定理の 1 つで，静電場の電磁気学や流体力学の議論でも頻繁に用いられている．Γ を 2 次元 Euclid 空間の区分的に滑らかな単純閉曲線とし，Γ で囲まれた単連結領域を Ω と表す．このとき曲線 Γ は $\Gamma : x = x(t),\ y = y(t)\ (a \leq t \leq b)$ と表され，3.2 節でも述べた通り，Γ が区分的に滑らかであれば $x(t)$ と $y(t)$ は $[a,b]$ 上の区分的 C^1 級関数である．このとき Γ の長さ l は

$$l = \int_a^b \sqrt{\left(\frac{dx}{dt}\right)^2 + \left(\frac{dy}{dt}\right)^2}\, dt\ (<\infty)$$

である．Γ 上に 1 つの始点を定めて反時計回りに Γ に沿って始点からの長さを測り，その長さ s をパラメータとして関数 x と y とを改めて取り直すと，Γ 上の点は

$$\Gamma : x = x(s),\ y = y(s) \quad (0 \leq s \leq l) \tag{5.20}$$

と表すことができる．このとき s を弧長パラメータといい，弧長パラメータ

5.3 Cauchy-Riemann 方程式

については,
$$\left(\frac{dx}{ds}\right)^2 + \left(\frac{dy}{ds}\right)^2 = 1 \tag{5.21}$$

が成立することに注意しておく.ここで Ω の閉包 $\overline{\Omega}$ $(=\Omega\cup\Gamma)$ 上で定義される 2 つの実数値関数 $u_k(x,y)$ $(k=1,2)$ を考え,これらの関数は $\overline{\Omega}$ 上で偏微分可能であって偏導関数 $\frac{\partial}{\partial x}u_k(x,y)$ と $\frac{\partial}{\partial y}u_k(x,y)$ $(k=1,2)$ は共に $\overline{\Omega}$ 上で連続であるものとする.またベクトル値関数 $\overrightarrow{U}(x,y) = (u_1(x,y), u_2(x,y))^T$ を考え,$\mathrm{div}\,\overrightarrow{U}(x,y) := \frac{\partial u_1}{\partial x} + \frac{\partial u_2}{\partial y}$ を $\overrightarrow{U}$ の発散量 (divergence) と呼ぶことにする.このとき,次の定理が成立する.

> **定理 5.6** (**Gauss の発散公式**) Ω を Euclid 空間 $\mathbb{R}^2$ の有界領域[15]とし,Γ は Ω の境界で区分的に滑らかであるとする.$u_k(x,y)$ $(k=1,2)$ は $\overline{\Omega}$ $(=\Omega\cup\Gamma)$ 上で偏微分可能で,その偏導関数は $\overline{\Omega}$ 上で連続とする.$\overrightarrow{U}(x,y) = (u_1(x,y), u_2(x,y))^T$ とするとき
> $$\iint_\Omega \mathrm{div}\,\overrightarrow{U}(x,y)\,dxdy = \int_\Gamma \overrightarrow{U}(x,y)\cdot\overrightarrow{n}\,ds \tag{5.22}$$
> が成立する.ただし $\overrightarrow{n}$ は Γ 上の単位外向法線ベクトルで,ds は Γ 上の線素とする.

(5.22) の右辺に現れる積分は "線素による線積分" と呼ばれ,3.2 節で導入した線積分とは異なっている.Γ が弧長パラメータ s によって反時計まわりに (5.20) で表される場合に線積分をこのパラメータで表すと
$$\int_\Gamma \overrightarrow{U}(x,y)\cdot\overrightarrow{n}\,ds = \int_0^l \overrightarrow{U}(x(s),y(s))\cdot\overrightarrow{n(s)}\,ds$$

となる.なお弧長パラメータ s によって Γ 上の点を反時計まわりに (5.20) と表すとき,図 5.8 の通り Γ に沿う単位ベクトルは $\overrightarrow{\tau} = \left(\frac{dx}{ds}, \frac{dy}{ds}\right)^T$ であり,単位外向法線ベクトルは $\overrightarrow{n} = \left(\frac{dy}{ds}, -\frac{dx}{ds}\right)^T$ である.このとき (5.22) の右辺は

---

[15] Gauss の発散公式では積分領域 Ω は単連結である必要はない.ただし,Ω が単連結でない場合は,境界 $\partial\Omega$ は複数の Jordan 閉曲線に分けられる.

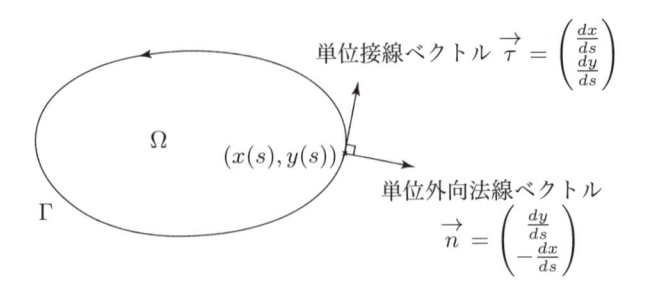

図 5.8 弧長パラメータによる $\vec{\tau}$ と $\vec{n}$.

$$\int_\Gamma \vec{U}(x,y) \cdot \vec{n}\, ds = \int_0^l \left(u_1(x(s),y(s))\frac{dy}{ds} - u_2(x(s),y(s))\frac{dx}{ds} \right) ds \quad (5.23)$$

となる．書物によっては Stieltjes 積分を用いて，この (5.23) を

$$\int_\Gamma \vec{U}(x,y) \cdot \vec{n}\, ds = \int_\Gamma u_1(x,y)\, dy - u_2(x,y)\, dx$$

と表しているものもある．以上の準備のもとで Cauchy の積分定理の証明を与えよう．

> **定理 5.7** (**Cauchy の積分定理**)　D を複素平面 $\mathbb{C}$ の単連結領域とし，$f(z)$ を D 上の正則関数で，その導関数 $f'(z)$ は D 上で連続であるとする．曲線 Γ を D に含まれる区分的に滑らかな Jordan 閉曲線とするとき，
>
> $$\oint_\Gamma f(z)\, dz = 0$$
>
> が成立する．

証明　D 上の正則関数 $f = u + iv$ に対して，定理 5.5 より，u と v とは全微分可能であって Cauchy-Riemann 方程式 (5.16) を満たしている．さらに $f'(z)$ の連続性から，$\frac{\partial u}{\partial x}, \frac{\partial u}{\partial y}, \frac{\partial v}{\partial x}, \frac{\partial v}{\partial y}$ は D 上の連続関数である．区分的に滑らかな Jordan 閉曲線 Γ を (5.20) によって弧長パラメータ s で表し $\Gamma : z(s) = x(s) + y(s)i\ (0 \leq s \leq l)$ とするとき，

5.3 Cauchy-Riemann 方程式

$$\oint_\Gamma f(z)\,dz = \int_0^l (u(z)+iv(z))\frac{dz}{ds}\,ds$$
$$= \int_0^l (u+iv)\left(\frac{dx}{ds}+i\frac{dy}{ds}\right)ds$$
$$= \int_0^l \left(u\frac{dx}{ds}-v\frac{dy}{ds}\right)ds + i\int_0^l \left(u\frac{dy}{ds}+v\frac{dx}{ds}\right)ds$$

となる．ここで 2 つのベクトル値関数 $\vec{F_1}, \vec{F_2}$ を

$$\vec{F_1}(x,y) = (-v(x,y), -u(x,y))^T, \quad \vec{F_2}(x,y) = (u(x,y), -v(x,y))^T$$

とし，Jordan 閉曲線 Γ で囲まれる領域 Ω において Gauss の発散公式を適用すると

$$I_1 = \int_0^l \left(u\frac{dx}{ds}-v\frac{dy}{ds}\right)ds = \int_\Omega \mathrm{div}\,\vec{F_1}\,dxdy = -\int_\Omega \left(\frac{\partial v}{\partial x}+\frac{\partial u}{\partial y}\right)dxdy$$

$$I_2 = \int_0^l \left(u\frac{dy}{ds}+v\frac{dx}{ds}\right)ds = \int_\Omega \mathrm{div}\,\vec{F_2}\,dxdy = \int_\Omega \left(\frac{\partial u}{\partial x}-\frac{\partial v}{\partial y}\right)dxdy$$

が得られるが，ここで Cauchy-Riemann 方程式 (5.16) を用いると $I_1 = I_2 = 0$ となる．故に，

$$\oint_\Gamma f(z)\,dz = I_1 + I_2 = 0$$

が成立する．□

複素関数論を利用するだけなら細かな話になるが，定理 3.8 と定理 5.7 では仮定が若干異なっていることに注意する．すなわち定理 5.7 では正則性のみならず導関数 $f'(z)$ の連続性も仮定している．この仮定は Gauss の発散公式を適用するための十分条件である．歴史的には定理 3.8 と定理 5.7 の仮定の相異は，そもそも正則性を定義する際に微分可能性のみを要求するか，あるいは導関数の連続性まで要求すべきかという大きな相異を意味している．しかし第 3 章の理論展開を思い出すと，Cauchy の積分定理から Cauchy の積分公式（定理 3.10）が導かれ，その結果として正則関数の解析性が示されるに至る．すなわち，正則関数は定義の段階では 1 階微分可能性しか要求しないのに，結果として解析性ももち無限回微分可能となる[16]．すなわち Cauchy

---

[16] この点が実数値関数と根本的に異なる点である．実数値関数では 1 回微分可能性は 2 回微分可能性さえ保証するものではない．

の積分定理の仮定（すなわち正則性の定義）が若干強いか弱いかは，結果的には正則関数の性質を論じる上では本質的なことではないことがわかる．

Cauchy-Riemann 方程式に関連して，$\bar{z}$ での微分による正則関数の特徴づけに触れておく．複素数 $z = x + yi$ に対してその共役複素数は $\bar{z} = x - yi$ であり，

$$x = \frac{1}{2}(z + \bar{z}), \quad y = \frac{1}{2i}(z - \bar{z}) \tag{5.24}$$

である．形式的に考えると，(5.24) は (x, y) と $(z, \bar{z})$ との変数変換を与えていると考えることができる．従って微分のチェインルールを用いると，

$$\frac{\partial}{\partial x} = \frac{\partial z}{\partial x} \cdot \frac{\partial}{\partial z} + \frac{\partial \bar{z}}{\partial x} \cdot \frac{\partial}{\partial \bar{z}} = \frac{\partial}{\partial z} + \frac{\partial}{\partial \bar{z}}$$

であり，同様に $\frac{\partial}{\partial y} = i\frac{\partial}{\partial z} - i\frac{\partial}{\partial \bar{z}}$ が成立し，同時に

$$\frac{\partial}{\partial z} = \frac{1}{2}\left(\frac{\partial}{\partial x} - i\frac{\partial}{\partial y}\right), \quad \frac{\partial}{\partial \bar{z}} = \frac{1}{2}\left(\frac{\partial}{\partial x} + i\frac{\partial}{\partial y}\right) \tag{5.25}$$

となる．複素関数 $f = u + iv$ に対する Cauchy-Riemann 方程式 (5.16) を用いると，

$$\begin{aligned}\frac{\partial}{\partial \bar{z}}f &= \frac{1}{2}\left(\frac{\partial}{\partial x} + i\frac{\partial}{\partial y}\right)(u + iv) \\ &= \frac{1}{2}\left\{\left(\frac{\partial u}{\partial x} - \frac{\partial v}{\partial y}\right) + i\left(\frac{\partial v}{\partial x} + \frac{\partial u}{\partial y}\right)\right\} \\ &= 0\end{aligned}$$

となるので，定理 5.5 から次の命題が得られることになる．

> **命題 5.4** D を複素平面 $\mathbb{C}$ 上の開集合とし，f を D 上の複素関数とする．このとき f が正則関数であるための必要十分条件は，f が全微分可能であって $\frac{\partial}{\partial \bar{z}}f = 0$ [17]) を満たすことである．

複素平面上では i を掛けることは原点のまわりの $\frac{\pi}{2}$ の回転を意味し，(x, y) 平面上では行列 $\begin{pmatrix} 0 & -1 \\ 1 & 0 \end{pmatrix}$ を作用させることが原点のまわりの $\frac{\pi}{2}$ の回転を意味

---

[17]) 複素関数 $f(z)$ に対して $\frac{d}{dz}f$ を考えるときは関数 f を z の 1 変数関数と考えているが，$\frac{\partial}{\partial z}$ や $\frac{\partial}{\partial \bar{z}}$ の記号を用いるときは，(5.24) に基づいて z と $\bar{z}$ の 2 変数関数で考えている．

する．この対応で Cauchy-Riemann 方程式の行列表示 (5.19) を見ると，(5.19) の $\frac{\partial}{\partial x} + \begin{pmatrix} 0 & -1 \\ 1 & 0 \end{pmatrix} \frac{\partial}{\partial y}$ と (5.25) の $\frac{\partial}{\partial x} + i\frac{\partial}{\partial y}$ とが対応していることがわかる．

演習問題 5.9 Jordan 閉曲線 Γ を反時計まわりにまわる弧長パラメータによる表示 (5.20) について (5.21) が成立することを示し，単位接線ベクトルは $\vec{\tau} = \left(\frac{dx}{ds}, \frac{dy}{ds}\right)^T$，単位外向法線ベクトルは $\vec{n} = \left(\frac{dy}{ds}, -\frac{dx}{ds}\right)^T$ で与えられることを示せ．

演習問題 5.10 Gauss の発散公式から出発し，次の Green の公式を証明せよ．
定理（Green の公式）：Γ を Euclid 空間 $\mathbb{R}^2$ の区分的に滑らかな Jordan 閉曲線とし，Γ で囲まれる単連結領域を Ω とする．$u(x, y)$ と $v(x, y)$ は $\overline{\Omega} = \Omega \cup \Gamma$ 上の偏微分可能な関数で，その偏導関数は $\overline{\Omega}$ 上で連続であるとすると，

$$\int_\Omega \left(\frac{\partial}{\partial x} u\right) v \, dxdy = \int_\Gamma uv n_x \, ds - \int_\Omega u\left(\frac{\partial}{\partial x} v\right) dxdy$$

が成立する．ただし Γ 上の単位外向法線ベクトルを $\vec{n} = (n_x, n_y)^T$ とし，Γ 上の線素を ds とする．また $\frac{\partial}{\partial y}$ についても同様である．

演習問題 5.11 $z = x + yi$ に対して $f(z) = \sqrt{|xy|}$ とする．
(1) f は $z = 0$ において全微分可能ではないが，x および y について偏微分可能であることを示せ．
(2) $f(z)$ の実部と虚部は原点 $z = 0$ で Cauchy-Riemann 方程式を満たすが，この点で正則ではないことを示せ．

演習問題 5.12 $z = x + yi$ に対して $f = u + iv$ を次のように与えるとき，$f(z)$ は z の正則関数であるか．
(1) $f = (x^2 - y^2) + (x^2 + y^2)i$ (2) $f = (x^2 - y^2) + 2xyi$
(3) $f = \frac{1}{2}\log(x^2 + y^2) + i\arg(x + yi)$ (ただし $(x, y) \neq (0, 0)$)
(4) $f(z) = |z|^2$ $(z \neq 0)$

演習問題 5.13 領域 D 上で全微分可能な実数値関数 u, v が Cauchy-Riemann 方程式 (5.16) を満たすとき，$f = v + iu$ は D 上の正則関数になるか．

5.4 調和関数

数学はもちろんのこと物理や工学にも現れる重要な関数の 1 つに，調和関数 (harmonic function) がある．本節では主として 2 変数の調和関数と正則関数との関係を簡単に説明する．

定義 5.1 (調和関数) Ω を n 次元 Euclid 空間 $\mathbb{R}^n$ の開集合とし, $u(x_1, \cdots, x_n)$ を Ω 上の C^2 級[18]の実数値関数とする. このとき u が
$$\left(\frac{\partial^2}{\partial x_1{}^2} + \frac{\partial^2}{\partial x_2{}^2} + \cdots + \frac{\partial^2}{\partial x_n{}^2}\right) u(x_1, \cdots, x_n) = 0, \quad (x_1, \cdots, x_n) \in \Omega \tag{5.26}$$
を満たすとき, この関数 u を Ω 上の調和関数という.

式 (5.26) の左辺に現れる $\frac{\partial^2}{\partial x_1{}^2} + \frac{\partial^2}{\partial x_2{}^2} + \cdots + \frac{\partial^2}{\partial x_n{}^2}$ を Δ と表し, **Laplace**[19]作用素 (Laplacian)[20]という:
$$\Delta = \frac{\partial^2}{\partial x_1{}^2} + \frac{\partial^2}{\partial x_2{}^2} + \cdots + \frac{\partial^2}{\partial x_n{}^2}.$$

また偏微分方程式 (5.26) は **Laplace 方程式**[21]と呼ばれる. 以下では $n = 2$ の場合について考え, $\Delta = \frac{\partial^2}{\partial x^2} + \frac{\partial^2}{\partial y^2}$ とする.

D を複素平面 $\mathbb{C}$ の領域とし, $f = u + iv$ を D 上の正則関数とすると, f は D の各点において $z = x + iy$ の (絶対収束する) 冪級数に展開できるので, $u(x, y)$ と $v(x, y)$ は x, y に関して無限回微分可能な関数である[22]. また u と v は Cauchy-Riemann 方程式 (5.16) (あるいは (5.19)) を満足するので,
$$\frac{\partial^2}{\partial x^2} u + \frac{\partial^2}{\partial y^2} u = \frac{\partial}{\partial x}\left(\frac{\partial u}{\partial x}\right) + \frac{\partial}{\partial y}\left(\frac{\partial u}{\partial y}\right) = \frac{\partial}{\partial x}\left(\frac{\partial v}{\partial y}\right) + \frac{\partial}{\partial y}\left(-\frac{\partial v}{\partial x}\right) = 0$$
となり, u は Laplace 方程式 $\Delta u = 0$ を D 上で満たす C^2 級関数であることがわかる. 全く同様の計算によって $\Delta v = 0$ が確認されるので, u と v は共に D 上の調和関数であることがわかる.

---

[18]開集合 Ω 上の関数で k 階までの全ての偏導関数が存在し, その各偏導関数が連続となるものを C^k 級関数という. Ω 上の C^k 級関数の全体を $C^k(\Omega)$ と表す.
[19]ラプラス, Pierre Simon Laplace (1749–1827).
[20]Laplace 作用素を用いると, (5.26) は $\Delta u = 0$ と表される.
[21]Laplace 方程式 (5.26) は満足するが C^2 級ではない関数を調和関数とはいわないので注意する.
[22]正確には無限回偏微分可能な関数で, 全ての偏導関数が連続であり, C^∞ 関数になっている.

5.4 調和関数

> **定理 5.8** D を複素平面 $\mathbb{C}$ の領域とし，f を D 上の正則関数とする．このとき，f の実部と虚部は共に（x, y に関して）C^∞ 級関数であり，D 上の調和関数である．

1 価[23]）な正則関数 $f = u + iv$ の実部と虚部はともに調和関数であるが，この 2 つの調和関数はお互いに共役な関係にあるといい，実部の調和関数 u に対して，虚部の調和関数 v を（u の）**共役調和関数** (conjugate harmonic function) という．$f = u + iv$ に対して $if = -v + iu$ となるので，u は $-v$ の共役調和関数である．領域 D 上の調和関数 u に対して，2 つの共役調和関数 v_1, v_2 が存在したとする．このとき $f_k = u + iv_k \ (k = 1, 2)$ とすると f_k は D 上の 1 価な正則関数であり，その差を $f(z)$ とすると

$$f(z) = f_1(z) - f_2(z) = i(v_1(z) - v_2(z))$$

は D 上で純虚数の値しかとらない正則関数である．正則関数 $f(z)$ は微分可能性から $f(z+h) = f(z) + f'(z)h + o(h)$ を満たしており，複素平面上の全ての方向に対応する h に対して $f(z+h) - f(z)$ は純虚数の値となることになり，$f'(z) = 0$ が成立する．従って $f(z)$ は定数であり，u に対する共役調和関数 v は，存在すれば，定数の自由度を除いて一意的である．

領域 D 上の調和関数 u が与えられたとき，その共役調和関数を求める問題を考えてみよう．実はこの問題は少し難しい問題であるが，D が単連結領域の場合は原始関数の存在（→ 定理 3.9）に帰着される．D を単連結な領域とし $f = u + iv$ を D 上の 1 価な正則関数とすると，導関数 $f'(z)$ も D 上で正則であり，$\alpha \in D$ を 1 つ固定すると

$$f(z) = \int_\alpha^z f'(\zeta)\, d\zeta + f(\alpha) \tag{5.27}$$

が成立することが定理 3.9 よりわかる．ここで重要なことは，(5.27) の積分は点 α から点 z に向かう積分路の取り方に依存しない．そこで α から z に向かう区分的に滑らかな曲線 Γ を積分路として 1 つ定め，弧長パラメータ s を用いて $\Gamma : z(s) = x(s) + y(s)i \ (0 \leq s \leq l)$ と表すことにする．ここで l は曲線 Γ の長さ $|\Gamma|$ である．$f = u + iv$ に対して (5.17) と Cauchy-Riemann

---
[23]）共役調和関数の議論をする場合には，正則関数の一価性に言及することが必要である．

方程式 (5.16) を用いると,

$$f'(z) = \frac{\partial u}{\partial x} + i\frac{\partial v}{\partial x} = \frac{\partial u}{\partial x} - i\frac{\partial u}{\partial y}$$

となるので, これを (5.27) に代入すると,

$$\begin{aligned}f(z) &= \int_0^l \left(\frac{\partial u}{\partial x} - i\frac{\partial u}{\partial y}\right)\left(\frac{dx}{ds} + i\frac{dy}{ds}\right)ds + f(\alpha) \\ &= \int_0^l \left(\frac{\partial u}{\partial x}\frac{dx}{ds} + \frac{\partial u}{\partial y}\frac{dy}{ds}\right)ds + i\int_0^l \left(\frac{\partial u}{\partial x}\frac{dy}{ds} - \frac{\partial u}{\partial y}\frac{dx}{ds}\right)ds + f(\alpha)\end{aligned}$$

となるので, 辺々の虚部を考えると

$$v(z) = \int_0^l \left(\frac{\partial u}{\partial x}\frac{dy}{ds} - \frac{\partial u}{\partial y}\frac{dx}{ds}\right)ds + v(\alpha) \tag{5.28}$$

が成立する. これは u に対する共役調和関数 v の満たす必要条件であるが, 計算によって十分条件であることも確かめられる[24]. このことから, 次の定理が得られる.

> **定理 5.9** D を Euclid 空間 $\mathbb{R}^2$ の単連結領域とし, $u(x,y)$ を D 上の調和関数とする. D 内の点 (x_0, y_0) を定め, この点と (x,y) を結ぶ求長可能な曲線 Γ に沿う Stieltjes 積分によって
>
> $$u^*(x,y) := \int_\Gamma \frac{\partial u}{\partial x}\,dy - \frac{\partial u}{\partial y}\,dx \tag{5.29}$$
>
> と $u^*(x,y)$ を定めると, u^* は u の共役調和関数である.

この u^* の値は積分路 Γ の取り方に依存しない. 実際, 点 (x,y) から点 (x_0, y_0) に向かう Γ とは異なる曲線 Γ^- を考えると, Gauss の発散公式と Laplace 方程式から

$$\int_{\Gamma \cup \Gamma^-} \frac{\partial u}{\partial x}\,dy - \frac{\partial u}{\partial y}\,dx = 0 \tag{5.30}$$

が成立する. Γ^- に沿って (x_0, y_0) から (x,y) に向かう積分路を $-\Gamma^-$ と表すと

---

[24] 関数 $v(x,y)$ を (5.28) で定義するとき, $\frac{\partial v}{\partial x} = -\frac{\partial u}{\partial y}, \frac{\partial v}{\partial y} = \frac{\partial u}{\partial x}$ (Cauchy-Riemann 方程式) を満たすことが計算により示される.

5.4 調和関数

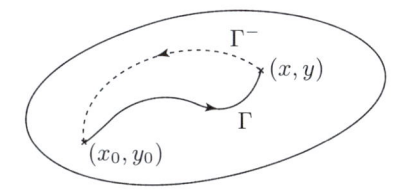

図 5.9 単連結領域 D において点 (x_0, y_0) から点 (x, y) に向かう曲線 Γ.

$$\int_\Gamma \frac{\partial u}{\partial x}\, dy - \frac{\partial u}{\partial y}\, dx = \int_{-\Gamma^-} \frac{\partial u}{\partial x}\, dy - \frac{\partial u}{\partial y}\, dx$$

が得られ，u^* の値が (x_0, y_0) と (x, y) のみによって決まることがわかる．（→ 演習問題 5.18）

> **系 5.7** D を（必ずしも単連結とは限らない）領域とし，u を D 上の調和関数とする．l は D に含まれる求長可能な Jordan 閉曲線で，l によって囲まれる単連結領域 Ω に対して閉包 $\overline{\Omega}$ が D に含まれるとする．このとき単連結領域 Ω 上では u に対する共役調和関数 u_Ω^* が存在する．

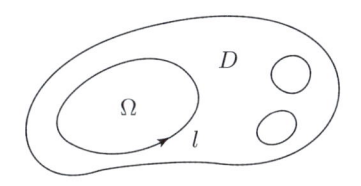

図 5.10 領域 D に含まれる単連結領域 Ω.

単連結でない（穴のあいたような）領域では，与えられた調和関数に対する共役調和関数は一般には存在しない．系 5.7 で定まる局所的な共役調和関数をつないで全体での共役調和関数を構成することは，一般にはできないことが知られている．実は，領域上の任意の調和関数に対して共役調和関数が存在することと，その領域が単連結であることが同値であることが知られている．

系 5.7 を用いると，調和関数 $u(x, y)$ は x, y に関して C^∞ 級関数であることがわかる．u を領域 $D(\subset \mathbb{R}^2)$ 上の調和関数とする．D の各点 (x, y) にお

いて，この点を中心とし半径 r の開球 B_r であって，閉包 $\overline{B_r}$ が D に含まれるものが存在する．$l = \partial B_r$ として系 5.7 を用いると，単連結領域 B_r では u の共役調和関数 u_r^* が存在するので，複素関数 $f = u + iu_r^*$ は $B_r(\subset \mathbb{C})$ 上の 1 価な正則関数である．従って定理 5.8 より u と u_r^* は B_r 上で (x, y に関して) C^∞ 級である．これより u は領域 $D(\subset \mathbb{R}^2)$ 上で C^∞ 級であることがわかる．調和関数の定義（定義 5.1）では調和関数の条件として C^2 級しか要求していないが，実は調和関数は存在すれば滑らかな関数で，領域の内部では C^∞ 級である．ここでは正則関数の性質を利用して 2 次元 ($n = 2$) の場合を説明したが，$\mathbb{R}^n$ の調和関数についても同様の性質があることが知られている[25]．

u を領域 D 上の調和関数とする．点 $z_0 = x_0 + y_0 i$ を中心とし，閉包 $\overline{B_r(z_0)}$ が D に含まれるように半径 r をとり，$\overline{B_r(z_0)}$ 上の u の共役調和関数[26]を u_r^* とする．このとき $f(z) = u(z) + iu_r^*(z)$ ($z \in \overline{B_r(z_0)}$) とすると f は $\overline{B_r(z_0)}$ 上の正則関数となるので，(5.9) より

$$f(z_0) = \frac{1}{2\pi} \int_0^{2\pi} f(z_0 + \rho e^{i\theta})\, d\theta \quad (0 < \rho \leq r)$$

が成立する．ここで両辺の実部を考えると，

$$u(z_0) = \frac{1}{2\pi} \int_0^{2\pi} u(z_0 + \rho e^{i\theta})\, d\theta \quad (0 < \rho \leq r)$$

が成立する．調和関数の z_0 での値は，この点を中心とする半径 r の円周上の積分平均と一致し，次の定理が得られる．

> **定理 5.10** （調和関数の積分平均定理[27]） u を領域 D 上の調和関数とする．$z_0 \in D$ に対して z_0 を中心とする半径 r の閉球 $\overline{B_r(z_0)}$ が D に含まれるとき，

---

[25] C^2 級の関数 u が領域 $D(\subset \mathbb{R}^n)$ で Laplace 方程式 $\Delta u = 0$ を満たすとき，u は D 上で C^∞ 級の滑らかさをもつことを意味している．

[26] 議論の都合上，閉包 $\overline{B_r(z_0)}$ で調和関数であることを要求している．従って丁寧に書くと，$\overline{B_r(z_0)} \subset B_R(z_0) \subset \overline{B_R(z_0)} \subset D$ となる開球 $B_R(z_0)$ を考え，そこで系 5.7 を適用する．

[27] 一般の次元では ∂B_ρ は半径 ρ の球面となるので，この定理を "調和関数の球面平均定理" と呼ぶこともある．

$$u(z_0) = \frac{1}{2\pi\rho} \int_{\partial B_\rho} u \, ds \qquad (0 < \rho < r) \tag{5.31}$$

である．ここで ds は半径 ρ の円周 $\partial B_\rho(z_0) = \{z \mid z = z_0 + \rho e^{i\theta} \ (0 \leq \theta \leq 2\pi)\}$ に沿う線素である[28]．

正則関数に対しては積分平均 (5.9) から "正則関数の最大値の原理" が導かれたが，全く同様の議論によって積分平均 (5.31) から調和関数に対する最大値の原理が導かれる．

定理 5.11 (調和関数の最大値の原理)　　D を有界領域とし，u は D 上の調和関数でその閉包 $\overline{D}$ 上では連続関数であるとする．このとき u が D 上で定数でなければ

$$u(z) < \max_{\zeta \in \partial D} u(\zeta) \qquad (z \in D)$$

が成立する．

符号を変えて $-u$ に対してこの最大値の原理を適用すると，u が定数でなければ

$$u(z) > \min_{\zeta \in \partial D} u(\zeta) \qquad (z \in D)$$

が成立し，これを最小値の原理と呼ぶこともある．最大値の原理と最小値の原理から，次の結果が得られる．

系 5.8　　D を有界領域とし，u は D 上の調和関数で，その閉包 $\overline{D}$ 上では連続であるとする．このとき u の境界値 $u|_{\partial D}$ が恒等的に 0 であれば，調和関数 u は D 上で恒等的に 0 である．

境界上の値を指定して領域上の調和関数を求める問題は，調和関数の **Dirichlet**[29] 問題と呼ばれ，数学だけではなく物理や工学においても頻繁に現れる重要な境界値問題である．具体的な解を求めることが一般には難しいこの問題も，D が円板である場合は $(x, y) \in \mathbb{R}^2$ を複素数の極形式[30] とす

---

[28] $z \in \partial B_\rho(z_0)$ は $z = z_0 + \rho e^{i\theta} \ (0 \leq \theta \leq 2\pi)$ より，$ds = \rho d\theta$ である．
[29] ディリクレ，Peter Gustav Lejeune Dirichlet (1805–1859)．
[30] $(x, y) \in \mathbb{R}^2$ と $z = x + yi$ を同一視し，$z = re^{i\theta} \ (r = |z|, \theta = \arg z)$ と表すこと (→1.2 節)．

ることで簡単に解くことができる．$0 \leq r < 1, -\pi \leq \theta \leq \pi$ のとき

$$P_r(\theta) := \sum_{n=-\infty}^{\infty} r^{|n|} e^{in\theta} \tag{5.32}$$

によって与えられる関数 $P_r(\theta)$ を **Poisson**[31]核という．このとき

$$P_r(\theta) = 1 + \sum_{n=1}^{\infty} r^n (e^{in\theta} + e^{-in\theta}) = 1 + 2\sum_{n=1}^{\infty} r^n \cos n\theta \tag{5.33}$$

より Poisson 核 $P_r(\theta)$ は実数値関数で，$\theta \in \mathbb{R}$ について周期 2π の周期関数と見なせる．また，$|z| < 1$ のとき

$$1 + 2\sum_{n=1}^{\infty} z^n = \frac{1+z}{1-z} \tag{5.34}$$

が成立するので，$z = re^{i\theta}$ を代入して実部を計算すると，Poisson 核は

$$P_r(\theta) = \mathrm{Re}\left(\frac{1+re^{i\theta}}{1-re^{i\theta}}\right) = \frac{1-r^2}{1-2r\cos\theta+r^2} \tag{5.35}$$

となり，正値であることもわかる．また Poisson 核を $z = x + yi$ から (x, y) の関数と考えると，単位円板 $B_1 = \{z \in \mathbb{C} \mid |z| < 1\}$ 上の調和関数であることもわかる．また

$$\sum_{n=N}^{\infty} |r^n \cos n\theta| \leq \sum_{n=N}^{\infty} r^n = \frac{r^N}{1-r}$$

であり，(5.33) の無限級数は（r を固定する毎に）絶対一様収束をしているので

$$\int_{-\pi}^{\pi} P_r(\theta)\, d\theta = \lim_{N \to +\infty} \int_{-\pi}^{\pi} \left(1 + 2\sum_{n=1}^{N} r^n \cos n\theta\right) d\theta = 2\pi \tag{5.36}$$

である．次に Poisson 核に対して $r \to 1-0$ の極限を考えると，(5.35) より，$\theta \neq 0$ のときは $P_r(\theta) \to 0$ （各点収束）であるが，$\theta = 0$ のときは分母も分子も 0 となり極限の計算ができない．そこで正数 δ をとり閉区間 $I_\delta = [-\pi, -\delta] \cup [\delta, \pi]$ とすると，$(r, \theta) \in [0, 1] \times I_\delta$ 上で Poisson 核 $P_r(\theta)$ は

---

[31] ポアソン，Siméon Denis Poisson (1781–1840).

(r と θ に関して) 一様連続であるので,

$$\lim_{r\to 1-0}\int_{I_\delta} P_r(\theta)\, d\theta = 0^{32)} \tag{5.37}$$

となる．また (5.36) と (5.37) から

$$\lim_{r\to 1-0}\int_{-\delta}^{\delta} P_r(\theta)\, d\theta = \lim_{r\to 1-0}\left\{\int_{-\pi}^{\pi} P_r(\theta)\, d\theta - \int_{I_\delta} P_r(\theta)\, d\theta\right\} = 2\pi \tag{5.38}$$

が得られる．単位円板 B_1 を考え，f を単位円周 ∂B_1 上の連続な実数値関数とするとき，

$$u(r,\theta) = \frac{1}{2\pi}\int_{-\pi}^{\pi} P_r(\theta-\varphi)f(e^{i\varphi})\, d\varphi^{33)} \tag{5.39}$$

により $u(r,\theta)$ を定める．このとき $\lim_{r\to 1-0} u(r,\theta) = f(e^{i\theta})$ となることを示そう．f は ∂B_1 上で一様連続であるので,

$${}^\forall \varepsilon > 0, {}^\exists \delta > 0 \text{ s.t. } |\varphi_1 - \varphi_2| < \delta \Longrightarrow |f(e^{i\varphi_1}) - f(e^{i\varphi_2})| < \varepsilon$$

が成立する．従って (5.36) と (5.39) より

$$u(r,\theta) - f(\theta) = \frac{1}{2\pi}\int_{-\pi}^{\pi} P_r(\theta-\varphi)(f(e^{i\varphi}) - f(e^{i\theta}))\, d\varphi$$

$$= \frac{1}{2\pi}\left\{\int_{I_\delta} P_r(\varphi)(f(e^{i(\theta-\varphi)}) - f(e^{i\theta}))\, d\varphi\right.$$

$$\left. + \int_{-\delta}^{\delta} P_r(\varphi)(f(e^{i(\theta-\varphi)}) - f(e^{i\theta}))\, d\varphi\right\}$$

となり，Poisson 核の正値性と (5.37) より $M = \max_{\zeta\in\partial B_1} |f(\zeta)|$ とすると,

$$\lim_{r\to 1-0}\left|\int_{I_\delta} P_r(\varphi)(f(e^{i(\theta-\varphi)}) - f(e^{i\theta}))\, d\varphi\right| \leq \lim_{r\to 1-0} 2M\int_{I_\delta} P_r(\varphi)\, d\varphi = 0$$

となる．次に (5.38) を用いると

$$\lim_{r\to 1-0}\left|\int_{-\delta}^{\delta} P_r(\varphi)(f(e^{i(\theta-\varphi)}) - f(e^{i\theta}))\, d\varphi\right| \leq \lim_{r\to 1-0} \varepsilon\int_{-\delta}^{\delta} P_r(\varphi)\, d\varphi = 2\pi\varepsilon$$

---

[32]$\theta \in I_\delta$ では，$r \to 1-0$ のとき $P_r(\theta)$ は 0 に一様収束している．

[33]単位円周上の関数 f は中心角 φ のみに依存するので，ここでは $f(\varphi)$ と $f(e^{i\varphi})$ ($-\pi \leq \varphi \leq \pi$) を同一視する．$f(\varphi)$ と表すと，(5.39) は $u(r,\theta) = \frac{1}{2\pi}\int_{-\pi}^{\pi} P_r(\theta-\varphi)f(\varphi)\, d\varphi$ と書かれる．

となるが，ε は任意の正数であるので

$$\lim_{r\to 1-0}|u(r,\theta)-f(\theta)|=0$$

が得られる．この収束は θ について一様であり，関数 $u(r,\theta)$ が $\overline{B_1}=B_1\cup\partial B_1$ 上で連続であることがわかる．最後に (5.39) で定義される u が開円板 B_1 上の調和関数となることを示そう．$z=x+yi=re^{i\theta}$ であることを思い出して (5.35) を用いると，

$$\begin{aligned}
u &= \frac{1}{2\pi}\int_{-\pi}^{\pi}\mathrm{Re}\left(\frac{1+re^{i(\theta-\varphi)}}{1-re^{i(\theta-\varphi)}}\right)f(e^{i\varphi})\,d\varphi \\
&= \frac{1}{2\pi}\int_{-\pi}^{\pi}\mathrm{Re}\left(\frac{e^{i\varphi}+re^{i\theta}}{e^{i\varphi}-re^{i\theta}}\right)f(e^{i\varphi})\,d\varphi \\
&= \frac{1}{2\pi}\mathrm{Re}\left(\int_{-\pi}^{\pi}\frac{e^{i\varphi}+z}{e^{i\varphi}-z}f(e^{i\varphi})\,d\varphi\right) \quad (z\in B_1) \quad (5.40)
\end{aligned}$$

となり，u は正則関数の実部であることがわかる．以上の議論をまとめると，次の定理が得られる．

> **定理 5.12** (調和関数の Dirichlet 問題) $B_1=\{z\in\mathbb{C}\mid |z|<1\}$ とし，f を ∂B_1 上の連続な実数値関数とする．このとき開円板 B_1 上の調和関数 u で閉包 $\overline{B_1}$ では連続であり，$u|_{\partial B_1}=f$ を満たすものは唯 1 つ存在し，u は (5.39) で与えられる．

証明 "唯 1 つ"（一意性）だけがまだ証明されていないので，このことの証明を与えておく．B_1 上の調和関数で $\overline{B_1}$ では連続であり，境界上で f と一致するものが 2 つあったとし，それを u_1,u_2 とする．ここで調和関数 $u=u_1-u_2$ に対して最大値の原理（系 5.8）を適用すると，u は B_1 上で恒等的に 0 となり，Dirichlet 問題の解の一意性 が示された．□

式 (5.40) は定理 5.12 で定まる B_1 上の調和関数 u の共役調和関数 u^* を与える公式にもなっている．実際

$$F(z)=\frac{1}{2\pi}\int_{-\pi}^{\pi}\frac{e^{i\varphi}+z}{e^{i\varphi}-z}f(e^{i\varphi})\,d\varphi \qquad z\in B_1$$

は B_1 上の 1 価な正則関数であるから，今度は虚部を考えて

$$u^* := \mathrm{Im}\left(\frac{1}{2\pi}\int_{-\pi}^{\pi}\frac{e^{i\varphi}+z}{e^{i\varphi}-z}f(e^{i\varphi})\,d\varphi\right)$$

とすると，u^* は u の共役調和関数である．

最後に領域が単位円板でない場合についても触れておこう．その鍵となるのは次の定理である．

定理 5.13 D を複素平面 $\mathbb{C}$ の領域で，D 上の正則関数 f に対して，$f : D \to f(D)$ は 1 対 1 であって $f'(z) \neq 0$ $(z \in D)$ とする[34]．u を領域 $f(D)$ 上の調和関数とするとき，合成関数 $u \circ f(z) \,(= u(f(z))$ は D 上の調和関数である．

証明 領域 D の点を $z = x + yi$，領域 $f(D)$ の点を $\zeta = \xi + \eta i$ とすると，u は $f(D)$ 上の調和関数であるので，u は C^2 級で $\left(\frac{\partial^2}{\partial \xi^2} + \frac{\partial^2}{\partial \eta^2}\right)u = 0$ を満たしている．ここで $\zeta \in f(D)$ は $\zeta = \xi + \eta i = f(x + yi)$[35] と表されることに気をつけて $\left(\frac{\partial^2}{\partial x^2} + \frac{\partial^2}{\partial y^2}\right)u \circ f$ をチェインルールを用いて計算すると

$$\frac{\partial}{\partial x}u \circ f = \frac{\partial u}{\partial \xi}\frac{\partial \xi}{\partial x} + \frac{\partial u}{\partial \eta}\frac{\partial \eta}{\partial x},$$

$$\frac{\partial^2}{\partial x^2}u \circ f = \frac{\partial^2 u}{\partial \xi^2}\left(\frac{\partial \xi}{\partial x}\right)^2 + 2\frac{\partial^2 u}{\partial \xi \partial \eta}\frac{\partial \xi}{\partial x}\frac{\partial \eta}{\partial x} + \frac{\partial^2 u}{\partial \eta^2}\left(\frac{\partial \eta}{\partial x}\right)^2 + \frac{\partial u}{\partial \xi}\frac{\partial^2 \xi}{\partial x^2} + \frac{\partial u}{\partial \eta}\frac{\partial^2 \eta}{\partial x^2}$$

等となり，Cauchy-Riemann 方程式を用いて整理すると，

$$\left(\frac{\partial^2}{\partial x^2} + \frac{\partial^2}{\partial y^2}\right)u \circ f = \left\{\left(\frac{\partial \xi}{\partial x}\right)^2 + \left(\frac{\partial \eta}{\partial x}\right)^2\right\}\left(\frac{\partial^2}{\partial \xi^2} + \frac{\partial^2}{\partial \eta^2}\right)u$$

$$= |f'(z)|^2\left(\frac{\partial^2}{\partial \xi^2} + \frac{\partial^2}{\partial \eta^2}\right)u\,^{36)} = 0$$

が得られる．従って $u \circ f$ は領域 D 上の調和関数である．□

この定理より，既知の等角写像によって単位円板 B_1 に写るような領域では，定理 5.12 と定理 5.13 から調和関数の Dirichlet 問題の解が Poisson 核を

---

[34] 定理 2.2 によれば，この f は領域 D を領域 $f(D)$ に写す等角写像である．
[35] $\xi = \xi(x, y), \eta = \eta(x, y)$ とするとき，これらは正則関数 f の実部と虚部であり，D 上の調和関数であることに注意する．
[36] $f = \xi + i\eta$ に対して，(5.17) より，$f'(z) = \frac{\partial \xi}{\partial x} + i\frac{\partial \eta}{\partial x}$ である．

利用して積分で与えられることがわかる．例えば半径 $R(>0)$ の円板 B_R を考え，B_R 上で C^2 級関数で $\overline{B_R}$ 上で連続な u で

$$\Delta u = 0 \quad z = x+yi \in B_R, \qquad u = f \quad z \in \partial B_R$$

を満たすものを考えてみよう．この問題は B_R 上の調和関数の Dirichlet 問題を偏微分方程式の形で書いたものである．相似変換 $f(z) = \frac{1}{R}z$ を考えると $f: B_R \to B_1$ は等角写像であり，求める調和関数は (5.40) より

$$\begin{aligned} u &= \frac{1}{2\pi} \operatorname{Re} \left(\int_{-\pi}^{\pi} \frac{e^{i\varphi} + \frac{z}{R}}{e^{i\varphi} - \frac{z}{R}} f(\varphi)\, d\varphi \right) \\ &= \frac{1}{2\pi} \int_{-\pi}^{\pi} \frac{R^2 - r^2}{R^2 - 2Rr\cos(\theta - \varphi) + r^2} f(\varphi)\, d\varphi \end{aligned}$$

であることがわかる[37]．

演習問題 5.14 $u(x,y)$ を領域 D 上の調和関数とすると，$\frac{\partial u}{\partial x}, \frac{\partial u}{\partial y}$ も D 上の調和関数であることを示せ．

演習問題 5.15 $f(z)$ は領域 D 上の正則関数で実数値しかとらないとき，$f'(z)$ を求めよ．

演習問題 5.16 u を単連結領域上の調和関数とし，v を (5.28) で定義するとき，u と v とは Cauchy-Riemann 方程式を満たすことを計算により示せ．

演習問題 5.17 Poisson 核 $P_r(\theta) = \dfrac{1-r^2}{1-2r\cos\theta + r^2}$ $(0 < r < 1)$ に対して，直接計算により

$$\int_{-\pi}^{\pi} P_r(\theta)\, d\theta = 2\pi$$

を示せ．

演習問題 5.18 図 5.9 において Γ と Γ^- が区分的に滑らかな曲線であるとき，

$$\int_{\Gamma \cup \Gamma^-} \left(\frac{\partial u}{\partial x}\frac{dy}{ds} - \frac{\partial u}{\partial y}\frac{dx}{ds} \right) ds \qquad (\text{ただし } ds \text{ は線素})$$

に Gauss の発散公式を適用し，(5.30) を示せ．

演習問題 5.19 定理 5.3 の証明の方法を適用し，定理 5.11（調和関数の最大値の原理）を証明せよ．

---

[37] $z \in \partial B_R$ の連続関数を中心角 φ の関数として $f(\varphi)$ と表している．

演習問題 5.20 $f(\varphi)$ を $[-\pi, \pi]$ 上の実数値連続関数とするとき,
$$F(z) = \int_{-\pi}^{\pi} \frac{e^{i\varphi} + z}{e^{i\varphi} - z} f(\varphi) \, d\varphi, \qquad z \in B_1$$
は単位円板 B_1 上の 1 価な正則関数であることを示せ.

演習問題 5.21 $z = x + yi = re^{i\theta}$ とするとき $\Delta u(x, y) = 0$ と
$$\left(\frac{\partial^2}{\partial r^2} + \frac{1}{r} \frac{\partial}{\partial r} + \frac{1}{r^2} \frac{\partial^2}{\partial \theta^2} \right) u(r, \theta) = 0$$
とは同値であることを示し, (5.39) で与えられる $u(r, \theta)$ が調和関数であることを偏微分の計算により確認せよ.

5.5 有理型関数

　ここでは無限遠点 ∞ を含めて考える場合もあるので，必要に応じて，複素平面 $\mathbb{C}$ と無限遠点 ∞ を含む複素平面 $\mathbb{C} \cup \{\infty\}$ とを区別することもある．このとき，点列 $\{z_n\}$ が "無限遠点 ∞ に収束" するということを決めておかねばならない[38]．$\mathbb{C} \cup \{\infty\}$ において点列 $\{z_n\}$ が無限遠点 ∞ に収束するとは，逆数を考えて $\{1/z_n\}$ が原点 $z = 0$ に収束することを指すものとする．

　D を複素平面の領域とすると，$a \in D$ に対して正数 r をうまくとると，点 a を中心とする半径 r の開球 $B_r(a)$ は D に含まれる．このとき複素関数 $f(z)$ が $B_r(a) \setminus \{a\} = \{z \mid 0 < |z - a| < r\}$ では 1 価な正則関数であるが $B_r(a)$ では正則とはならないとき，a はこの関数の孤立特異点と呼ばれる．$\mathbb{C} \cup \{\infty\}$ で考えて $a = \infty$ の場合を考えるときには，変数変換 $\zeta = \frac{1}{z}$ を施したうえで，$\zeta = 0$ について同様に考える．4.1 節で学んだ通り，(無限遠点 ∞ も含めて) 孤立特異点は真性特異点と極および除去可能な特異点の 3 種類に分類される．除去可能な特異点は極限を考えることで正則化されるので，ここでは除去可能な特異点は予め除去されているものと考えることにする．

　孤立特異点が全て極で，極以外では，考える領域で 1 価な正則関数である複素関数を**有理型関数** (meromorphic function) という．議論の便宜上，正則関数も有理型関数に含めておくことにする．例えば $f(z) = \frac{\sin z}{z}$ を $\mathbb{C}$ で考えた場合，$z = 0$ は除去可能な特異点であり，$f(z)$ は $\mathbb{C}$ 全体で正則関数であり，

---

[38] 数学的な用語を用いると，$\mathbb{C}$ と $\mathbb{C} \cup \{\infty\}$ では位相 (topology) が異なっている．

従って $\mathbb{C}$ 上の有理型関数となる.しかし $\mathbb{C} \cup \{\infty\}$ で考えると無限遠点 ∞ はこの $f(z)$ の真性特異点であり,$\mathbb{C} \cup \{\infty\}$ では有理型関数ではないことに注意する.次に多項式の比で表される関数について考えてみよう.2 つの多項式 $P(z) = a_m z^m + \cdots + a_1 z + a_0$ $(a_m \neq 0)$, $Q(z) = b_n z^n + \cdots + b_1 z + b_0$ $(b_n \neq 0)$ を考えると,それぞれ(重複度も入れて)m 個の根 $\{\xi_k\}_{k=1}^m$ と n 個の根 $\{\eta_k\}_{k=1}^n$ を複素数の中にもつ($\to$ 代数学の基本定理(定理 1.2)).従って $P(z)$ と $Q(z)$ は

$$P(z) = a_m \prod_{k=1}^m (z - \xi_k), \quad Q(z) = b_n \prod_{k=1}^n (z - \eta_k) \tag{5.41}$$

と因数分解される.ここでは $b_n \neq 0$ より $Q(z)$ は恒等的に 0 とはならないので,

$$f(z) = \frac{P(z)}{Q(z)} = \frac{a_m z^m + \cdots + a_1 z + a_0}{b_n z^n + \cdots + b_1 z + b_0} \quad (a_m \neq 0, b_n \neq 0) \tag{5.42}$$

を考えると,この $f(z)$ は**有理関数** (rational function) と呼ばれ,有理型関数の最も典型的な例である.$Q(z)$ の根 $\{\eta_k\}_{k=1}^n$ は $f(z)$ の孤立特異点であるが,$P(z)$ と $Q(z)$ が共通根をもつ(すなわち $\{\xi_k\}_{k=1}^m \cap \{\eta_k\}_{k=1}^n \neq \emptyset$)場合には,根の重複度によって除去可能となることもある.その他の場合は孤立特異点は $f(z)$ の極であり,有理関数は有理型関数であることがわかる.$\mathbb{C} \cup \{\infty\}$ で考えた場合は,m と n の値によって,∞ が極になる場合と除去可能な場合があるが,有理関数については無限遠点 ∞ は真性特異点とはならないので,$\mathbb{C} \cup \{\infty\}$ で考えても有理関数は有理型関数である.

有理型関数 $f(z)$ の極が領域 D に無数にある場合に,極の集積点が D に含まれることはない.もしも $a(\neq \infty)$ を極の集積点とする.ある正数 r について $B_r(a) \subset D$ であるが,このとき $0 < \varepsilon < r$ を満たす任意の正数 ε に対して $B_\varepsilon(a)$ は無限個の極を含むことになる.これは各極が孤立特異点であることと矛盾する[39].従って極の全体集合 $S(\subset D)$ が集積点をもつ場合は,その集積点は境界 ∂D 上の点となる.また有界集合 Ω に対して $S \subset \Omega \subset \overline{\Omega} \subset D$ を満たす場合には,極の個数は有限個である[40].以上のことから,次の命題が成立する.

---

[39] $\mathbb{C} \cup \{\infty\}$ において極の集積点が無限遠点 ∞ となる場合は,変数変換 $\zeta = \frac{1}{z}$ によって $\zeta = 0$ が集積点となる場合に帰着することにより,同様の結果が得られる.

[40] Bolzano-Weierstrass の定理(定理 1.4)を利用する.

5.5 有理型関数

命題 5.5 $\mathbb{C} \cup \{\infty\}$ で有理型な関数は有理関数に限られる.

証明 $\mathbb{C} \cup \{\infty\}$ で有理型な関数 $f(z)$ の極の集合を S とすると, S は有限集合であり[41], S は無限遠点 ∞ を含む場合もある. $S = \{z_k\}_{k=1}^n$ とするとき, $\infty \notin S$ のときは各 z_k の極の位数を m_k として Laurent 展開の主部を $P_k(z)$ と表すと

$$P_k(z) = \sum_{l=1}^{m_k} \frac{a_l^{(k)}}{(z-z_k)^l} \tag{5.43}$$

であり, $\infty \in S$ のときは $z_n = \infty$ とすると (5.43) に対応して

$$P_n(z) = \sum_{l=1}^{m_n} a_l^{(n)} z^l \tag{5.44}$$

が得られる. ここで $F(z)$ を

$$F(z) = f(z) - \sum_{k=1}^n P_k(z)$$

とすると, $F(z)$ の特異点は全て除去されるので, $F(z)$ は整関数となる. 従って Liouville の定理（定理 3.13）より $F(z)$ は定数となるので, その定数を γ とすると, $F(z) = f(z) - \sum_{k=1}^n P_k(z) = \gamma$ となり, $f(z)$ は

$$f(z) = \sum_{k=1}^n P_k(z) + \gamma \tag{5.45}$$

と表され, $f(z)$ が有理関数であることがわかる. □

この証明に現れる $P_k(z)$ は $z_k \neq \infty$ のときは (5.43) の分数式であり, 極が無限遠点 ∞ の場合には (5.44) の多項式である. このため与えられた $f(z)$ を (5.45) のような形で表すことを, $f(z)$ の**部分分数展開** (partial fraction decomposition) という. 有理関数以外の有理型関数としては

---

[41] S の元が無限個ある場合は, $\mathbb{C} \cup \{\infty\}$ では脚注 39 に沿って考えると ∞ が集積点となり矛盾が生じる.

$$\tan z = \frac{\sin z}{\cos z} = \frac{1}{i}\frac{e^{iz}-e^{-iz}}{e^{iz}+e^{-iz}}$$

$$\cot z = \frac{\cos z}{\sin z} = i\frac{e^{iz}+e^{-iz}}{e^{iz}-e^{-iz}}$$

などが挙げられる．$\tan z$ の極は $\{n\pi+\frac{\pi}{2}\}_{n=-\infty}^{\infty}$，$\cot z$ の極は $\{n\pi\}_{n=-\infty}^{\infty}$ であり（→ 演習問題 4.6），これらは $\mathbb{C}$ 上の有理型関数であるが，$\mathbb{C}\cup\{\infty\}$ では有理型関数ではない．このほかに 2 重周期関数である楕円関数が重要な有理型関数であるが，本書のレベルを超える話題であるので割愛することにする．また有理関数以外の有理型関数が部分分数展開されるかどうかは理論上も応用上も重要な問題であるが，この話題も残念ながら割愛することにする．

有理型関数は正則関数以上に興味深い多くの性質をもっている．有理型関数は正則関数も含む概念であるが，正則関数の場合と同様に一致の定理（系 5.2）が成立する．D を複素平面 $\mathbb{C}$ の領域とし，$f_1(z)$ と $f_2(z)$ を D 上の有理型関数とする．S_k を有理型関数 $f_k(z)$ の極の全体集合 ($k=1,2$) とすると，既に述べたように S_k は D 内に集積点をもつことはなく，$f_k(z)$ は領域 $D\setminus S_k$ 上の正則関数となる．ここで $F(z)=f_1(z)-f_2(z)$ とすると，$F(z)$ は領域 $D\setminus (S_1\cup S_2)$ 上の正則関数であるので，この $F(z)$ に定理 5.1 を適用すると次の定理が得られる．

定理 5.14 （有理型関数の一致の定理） D を複素平面 $\mathbb{C}$ の領域とし，$f_1(z)$ と $f_2(z)$ を D 上の有理型関数とする．また D の点列 $\{z_n\}$ は $f_1(z)$ または $f_2(z)$ の極を含むことはなく，D 内のある点に収束しているとする．このとき $f_1(z_n)=f_2(z_n)$ ($n=1,2,\cdots$) が成立すれば，$f_1(z)$ と $f_2(z)$ は一致する．

有理型関数の特徴として，極の個数と零点の個数には関係がある．$f(z)$ を領域 D 上の有理型関数とするとき，D 上での $f(z)$ の極の個数と零点の個数を，重複度も含めて，$n_D(\infty,f),n_D(0,f)$ と表す．誤解の生じないときは D を省略し，単に $n(\infty,f),n(0,f)$ と表すことにする．例えば $|z|<R$（ただし $R>2$）で有理関数 $f(z)=\dfrac{z^3}{(z-1)(z-2)^2}$ を考えると，極 $z=1$ の位数は 1，極 $z=2$ の位数は 2，零点 $z=0$ の位数は 3 であるので，$n(\infty,f)=3,\ n(0,f)=3$ である．以上の準備のもと，次の命題が成立する．

5.5 有理型関数

命題 5.6 $\mathbb{C} \cup \{\infty\}$ で有理関数 $f(z)$ を考えると[42]，$n(\infty, f) = n(0, f)$ が成立する．

証明 有理関数 $f(z)$ の導関数 $f'(z)$ も有理関数であるが，ここで

$$F(z) = \frac{f'(z)}{f(z)} \tag{5.46}$$

を考えると，$F(z)$ の極は $f(z)$ の零点と極以外では現れない．$a(\neq \infty)$ が $f(z)$ の m 位の零点のときは，a のある近傍 $B(z)$ では $g_1(a) \neq 0$ を満たす正則関数 $g_1(z)$ が存在して $f(z) = (z-a)^m g_1(z)$ と表すことができる（→ 演習問題 3.13）．従って

$$F(z) = \frac{m}{z-a} + \frac{g_1'(z)}{g_1(z)}, \quad z \in B(a) \tag{5.47}$$

となり，a は $F(z)$ の 1 位の極で，留数について $\mathrm{Res}\,(a, F) = m$（= 零点の位数）が成立する．次に $b(\neq \infty)$ が $f(z)$ の m' 位の極のときは，b のある近傍 $B(b)$ では $g_2(b) \neq 0$ を満たす正則関数 $g_2(z)$ が存在して $f(z) = (z-a)^{-m'} g_2(z)$ と表すことができる（→ 演習問題 4.10）ので

$$F(z) = \frac{-m'}{z-b} + \frac{g_2'(z)}{g_2(z)}, \quad z \in B(b) \tag{5.48}$$

となり，$\mathrm{Res}\,(b, F) = -m'$（= − 極の位数）である．無限遠点 ∞ が m 位の零点のときはある正数 R と c に対して，$|z| > R$ では $|g_3(z)| > c > 0$ となる正則関数 $g_3(z)$ を用いて $f(z) = z^{-m} g_3(z)$（$|z| > R$）と表される．従って

$$F(z) = \frac{-m}{z} + \frac{g_3'(z)}{g_3(z)}, \quad |z| > R \tag{5.49}$$

となるが，無限遠点での留数の定義 (4.18) によって $\mathrm{Res}\,(\infty, F) = m$ が得られる．同様に ∞ が m' 位の極のとき，$\mathrm{Res}\,(\infty, F) = -m'$ となる．ここで命題 4.1 を $F(z)$ に適用すると F の留数の総和は 0 となり，重複度も含めて $f(z)$ の零点の個数と極の個数が一致することが証明される．□

---

[42] この命題では無限遠点を含めて考えているので，$n(\infty, f)$ を考えるときは無限遠点が極となる場合も考慮されている．

> **系 5.9** $f(z)$ を $\mathbb{C} \cup \{\infty\}$ の有理関数とすると，$f(z)$ は全ての値[43]を同数回とる．

> **証明** 任意の複素数 c に対して $F_c(z) = f(z) - c$ とすると，命題 5.6 より $n(0, F_c) = n(\infty, f)$ であり，$f(z) = c$ を満たす z は $n(\infty, f)$ 個存在する．□

命題 5.6 の証明を検討すると，(5.46) の極の近傍での表現 (5.47) と (5.48) は有理関数のみならず，有理型関数一般についても成立することがわかる．このことから次の定理が得られる．

> **定理 5.15** (偏角の原理) C を複素平面 $\mathbb{C}$ の求長可能な Jordan 閉曲線とし，C で囲まれた単連結領域を D とする．$f(z)$ は $D \cup C$ 上の有理型関数で，曲線 C 上には $f(z)$ の極も零点も無いとすると，
> $$\frac{1}{2\pi i} \oint_C \frac{f'(z)}{f(z)} \, dz = n_D(0, f) - n_D(\infty, f) \tag{5.50}$$
> が成立する．

> **証明** (5.46) により $F(z) = \dfrac{f'(z)}{f(z)}$ と定めると，$F(z)$ は $D \cup C$ の有理型関数であり，$F(z)$ の極は $f(z)$ の極と零点からなっている[44]．$D \cup C$ は $\mathbb{C}$ のコンパクト集合であり，$D \cup C$ に含まれる $F(z)$ の極は高々有限個である．この極が $f(z)$ の零点の場合には (5.47) が成立し，極の場合には (5.48) が成立するので，留数定理（定理 4.5）より，
> $$\frac{1}{2\pi i} \oint_C \frac{f'(z)}{f(z)} \, dz = (F(z) \text{ の留数の総和}) = n_D(0, f) - n_D(\infty, f)$$
> が得られる．□

複素数 c に対して $f_c(z) := f(z) - c$ の零点を "$f(z)$ の c 点" と呼ぶことにし，領域 D 内の c 点の個数を $n_D(c, f)$[45] と表すと，次の系が得られる．

---

[43] 全ての値に ∞ も含めてもこの結果は成立する．
[44] 仮定から $F(z)$ の極は曲線 C 上にはなく，従って $F(z)$ は C の各点において正則であることに注意する．
[45] $n_D(c, f) = n_D(0, f - c)$ である．

5.5 有理型関数

系 5.10 C を複素平面 $\mathbb{C}$ の求長可能な Jordan 閉曲線とし，C で囲まれた単連結領域を D とする．c を任意の複素数とし，$f(z)$ は $D \cup C$ 上の有理型関数で曲線 C 上には $f(z)$ の極も c 点も無いとすると，

$$\frac{1}{2\pi i} \oint_C \frac{f'(z)}{f(z) - c}\, dz = n_D(c, f) - n_D(\infty, f)$$

が成立する．

定理 5.15 に戻ろう．求長可能な Jordan 閉曲線 C に弧長パラメータを導入し，$C : z = z(s)$ ($0 \le s \le l$, l は曲線 C の長さ) としておく．$f(z)$ は C 上では極も零点ももたないので，$z \in C$ に対して正則関数 $\log f(z)$ を考えることができ，

$$\frac{d}{dz} \log f(z) = \frac{f'(z)}{f(z)} \quad z \in C$$

が成立している．特に曲線 C が滑らか（すなわち $z(s)$ が C^1 級）である場合には

$$\frac{d}{dz} \log f(z(s)) = \left(\frac{d}{dz} \log f(z)\right) \frac{dz}{ds} = \frac{f'(z(s))}{f(z(s))} \frac{dz}{ds} \tag{5.51}$$

が成立するので，(5.50) の左辺の積分をパラメータ s で表すと

$$\oint_C \frac{f'(z)}{f(z)}\, dz = \int_0^l \frac{f'(z)}{f(z)} \frac{dz}{ds}\, ds$$
$$= \int_0^l \frac{d}{ds} \log z(s)\, ds \tag{5.52}$$

が得られる．一方で $\log f(z) = \log |f(z)| + i \arg(f(z))$ であるが，ここで偏角の測り方には注意が必要である．基準点 $z_0 := z(0)$ では対数の主枝を考えればよいが，z が C 上を連続的に動くときに偏角 $\arg(f(z))$ は連続的に測られねばならない[46]．この偏角の測り方に注意して (5.22) に戻ると，C が滑らかなときには $\log |f(z(s))|$ も $\arg f(z(s))$ も s について微分可能で，

---

[46] 対数関数の主枝 $\mathrm{Log}\, \zeta = \log |\zeta| + i \arg \zeta$ では偏角は $-\pi \le \arg \zeta \le \pi$ の制限を受ける．z の変化に伴い $\arg f(z)$ が π より小さい値から π より大きい値に変化するとき，主枝 $\mathrm{Log}\, f(z)$ のみを考えていると $\arg f(z)$ は "不連続" に変化してしまうことに注意する．

$$\int_0^l \frac{d}{ds} \log f(z)\, ds = \int_0^l \frac{d}{ds} \{\log |f(z(s))| + i \arg f(z(s))\}\, ds$$
$$= \int_0^l \frac{d}{ds} \log |f(z(s))|\, ds + i \int_0^l \frac{d}{ds} \arg f(z(s))\, ds$$

となるが，右辺の第 1 項は実数値関数の積分として直ちに計算されて

$$\int_0^l \frac{d}{ds} \log |f(z(s))|\, ds = 0 \tag{5.53}$$

となる．第 2 項は<u>偏角の変化率の積分</u>であり，s が 0 から l まで動く（すなわち z が $z(0)$ を始点として C 上を動いて再び $z(0)$ に戻る）あいだに，複素数としての $f(z)$ の偏角が原点のまわりを N 回まわれば

$$\int_0^l \frac{d}{ds} \arg f(z(s))\, ds = 2N\pi \tag{5.54}$$

である．このように考えると定理 5.15 の (5.50) に現れる積分は，曲線 C に沿って $f(z)$ の偏角の変動を計算していることになり，この定理は偏角の原理 (argument principle) と呼ばれる．別の視点で説明すると，$z \in \mathbb{C}$ に対して $w = f(z)$ とすると，z が C に沿って連続的に動くときに複素数 w の偏角も連続的に変化し，z が曲線 C を 1 周するあいだに w は原点のまわりを N 周して始点の $w_0 = f(z(0))$ に一致する（図 5.11）．このことを曲線 C が滑らかな場合に偏角の変化率を用いて記述したのが (5.54) である．なお，曲線 C が単に求長可能な場合は，$\arg f(z(s))$ が（s について）有界変動となることから (5.54) の積分は Stieltjes 積分として理解すれば全く同様で，

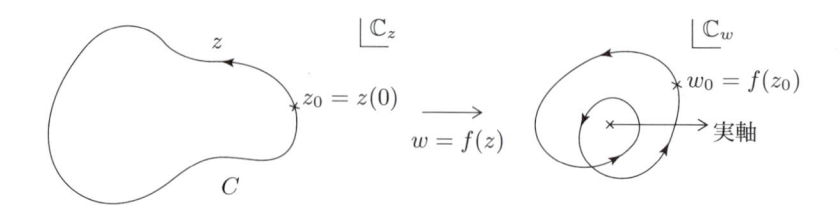

図 5.11　z が曲線 C に沿って動くときの $w = f(z)$ の偏角の変化．

$$\int_0^l d\arg f(z(s)) = \int_C d\arg f(z)^{47)} = 2N\pi$$

となる．以上のような解釈と記号を用いると，偏角の原理は次のようにまとめることもできる．

> **定理 5.16**　(偏角の原理)　C を複素平面 $\mathbb{C}$ 上の求長可能な Jordan 閉曲線とし，C で囲まれた単連結領域を D とする．$f(z)$ は $D \cup C$ 上の有理型関数で，曲線 C 上には f の極も零点も無いとすると，
>
> $$\frac{1}{2\pi}\oint_C d\arg f(z) = n_D(0,f) - n_D(\infty,f) \tag{5.55}$$
>
> が成立する．

> **系 5.11**　C を複素平面 $\mathbb{C}$ の求長可能な Jordan 閉曲線とし，C で囲まれた単連結領域を D とする．$f(z)$ は $D \cup C$ 上の正則関数で，曲線 C 上には f の零点が無いとき，
>
> $$\frac{1}{2\pi}\oint_C d\arg f(z) = n_D(0,f) \tag{5.56}$$
>
> が成立する．

書物によっては，$\log f(z(s))$ が有界変動となることから，(5.50) を

$$\frac{1}{2\pi i}\oint_C d\log f(z)\,dz = n_D(0,f) - n_D(\infty,f)$$

と記している場合もあり，さらに $d\log f(z) = d(\log|f(z)| + i\arg f(z))$ を実部と虚部に分けて (5.56) から (5.55) を導出している場合もある．偏角の原理 (あるいは系 5.11) を用いると，有名な Rouché[48)] の定理が直ちに得られる．

[47)] 偏角 $\arg f(z)$ を用いた Stieltjes 積分の形の方が，(5.54) の積分の値が偏角の変動量であることが理解し易い．
[48)] ルーシェ，Eugène Rouché (1832–1910)．

> **定理 5.17** (**Rouché**) C を複素平面 $\mathbb{C}$ 上の求長可能な Jordan 閉曲線とし，C で囲まれた単連結領域を D とする．$f(z)$ と $g(z)$ は $D \cup C$ 上の正則関数で，曲線 C 上では
> $$|f(z)| > |g(z)| > 0 \quad z \in C$$
> を満たすとき，$n_D(0, f) = n_D(0, f+g)$ が成立する．

証明 C 上で $\arg(f(z) + g(z)) = \arg f(z) \left(1 + \dfrac{g(z)}{f(z)}\right)$ とすると，$|f(z)| > |g(z)|$ $(z \in C)$ より $-\dfrac{\pi}{2} < \arg\left(1 + \dfrac{g(z)}{f(z)}\right) < \dfrac{\pi}{2}$ である．従って系 5.11 より

$$\begin{aligned}
n_D(0, f+g) &= \frac{1}{2\pi} \oint_C d\arg f(z)\left(1 + \frac{g(z)}{f(z)}\right) \qquad (5.57)\\
&= \frac{1}{2\pi} \left(\oint_C d\arg f(z) + \oint_C d\arg\left(1 + \frac{g(z)}{f(z)}\right)\right)\\
&= \frac{1}{2\pi} \oint_C d\arg f(z)\\
&= n_D(0, f)
\end{aligned}$$

となり，定理が証明される[49]．□

代数学の基本定理（定理 1.2）は，3.4 節において Liouville の定理を用いて証明されたが，Rouché の定理を用いても証明することができる．$P_n(z)$ と $Q_n(z)$ をそれぞれ

$$P_n(z) = a_n z^n \qquad (a_n \neq 0),$$
$$Q_n(z) = a_{n-1} z^{n-1} + \cdots + a_1 z + a_0$$

とし，正数 R を十分大きくとると，$|z| \geq R$ のとき

$$\frac{|Q_n(z)|}{|P_n(z)|} < \frac{|a_{n-1}|}{|a_n|}\frac{1}{|z|} + \frac{|a_{n-2}|}{|a_n|}\frac{1}{|z|^2} + \cdots + \frac{|a_0|}{|a_n|}\frac{1}{|z|^n} < 1$$

---

[49] $z \in C$ 上では $\left|\dfrac{g(z)}{f(z)}\right| < 1$ より $1 + \dfrac{g(z)}{f(z)}$ の偏角は $\left(-\dfrac{\pi}{2}, \dfrac{\pi}{2}\right)$ の範囲にあり，z が曲線 C 上を 1 周しても $w = 1 + \dfrac{g(z)}{f(z)}$ が原点のまわりをまわることがない．

5.5 有理型関数

が成立する．そこで原点を中心とする半径 R の円周 C に関して Rouché の定理を用いると，
$$n(0, P_n + Q_n) = n(0, P_n) = n$$
となる．すなわち n 次の代数方程式 $a_n z^n + a_{n-1} z^{n-1} + \cdots + a_1 z + a_0 = 0$ の根は，複素数の中でちょうど n 個存在する．

理論においても応用においても，本格的な複素関数論は以上の準備のもとで展開される．本書はここまで．終り．

演習問題 5.22 $f(z) = \dfrac{z^3}{(z-1)(z-2)^2}$ を部分分数展開して (5.45) の形で表せ．

演習問題 5.23 (5.53) が成立することを確認せよ．

演習問題 5.24 (5.57) において $-\dfrac{\pi}{2} < \arg\left(1 + \dfrac{g(z)}{f(z)}\right) < \dfrac{\pi}{2}$ であることを確認せよ．

演習問題 5.25 $f(z)$ は $|z| \leq 1$ で正則であり，$|z| = 1$ では $|f(z)| < 1$ とする．このとき $f(z) - z$ は $|z| < 1$ において唯 1 つの零点をもつことを示せ．

演習問題 5.26 $P(z)$ を n 次の多項式とし，$|z| = r$ 上には根はないものとする．このとき
$$\frac{1}{2\pi i} \oint_{|z|=r} z \frac{P'(z)}{P(z)} \, dz = (\text{半径 } r \text{ の円に含まれる根の和})$$
であることを証明せよ．ただし根の和を考えるとき，重複度も考慮するものとする．

参考文献

[1] 楠幸男：解析函数論，廣川書店 (1962 年).
[2] 柴雅和：関数論講義，森北出版 (2000 年).
[3] 辻正次：函数論 (上)，朝倉書店 (1952 年, 2004 年復刊).
[4] C. Carathéodory : Theory of Functions of a complex variable, Verlag Birkhauser (1950 年, Chelsea Publishing 1983 年, AMS 2001 年).
[5] J. B. Conway : Functions of One Complex Variable (2nd ed.), Springer-Verlag (1978 年).

文献 [1] は著者が学生時代に履修した「複素解析」（楠幸男教授）のテキストで，本書を執筆するにあたって最も参考にしたものである．楠先生の "解析函数論" は複素関数論の入門的内容を網羅するのみならず，それらが極めて明快に説明されており，不朽の名著といっても過言ではないものであるが，残念ながら，現在は入手困難になっている．柴先生は著者が学生時代は楠先生と並んで「複素解析」を担当されていた．[2] は [1] とは異った赴きであるが，要所要所に歴史的背景も書かれており，本書の執筆にあたって参考にさせて頂いた．[3]–[5] はいずれも有名な複素関数論のテキストであり，本書では特に第 5 章を執筆する際に参考にした．なかでも [5] は基本事項を要領よく記述しており，本書を学習したあとに勉強するテキストとして奨めるものである．

索　引

あ　行

位数　97
一意性　150
一様収束　30
一様連続　18
一価性定理　125
一致の定理　122, 156

（複素数の）大きさ　6
折れ線近似　51

か　行

開核　13
開集合　11
解析関数　38
解析性　76, 119
解析接続　124
解析的　38
解析的延長　124
開被覆　14
外部　63
各点収束　30
各点連続　18
関数要素　38
完備性　10

逆三角関数　83
求長可能　47, 60, 61
球面平均定理　146
境界　13
共焦点的　29
鏡像の原理　127
共役調和関数　143
共役複素数　4

極　97
極形式　9
局所等角性　27
曲線のなす角　25
曲線（パス）に沿う解析接続　125
極表示　9
虚軸　6
虚数単位　2
虚部　4

区分的 C^1 級関数　57

原始関数　53, 67, 81

広義一様収束　30
広義積分　84
項別積分　49
弧状連結　16
弧長パラメータ　136
孤立特異点　96, 153
根　5
コンパクト　14

さ　行

最小値の原理　131
最大値の原理　130
三角関数　41
三角不等式　9

指数関数　41
実軸　6
実部　4
集積点　13
収束円　38
収束半径　36

165

主枝　43
上極限　34
除去可能　97
真性特異点　97

整関数　78
正則関数　23
正則関数の最大値の原理　147
積分の主値　85
積分平均　129
積分平均定理　146
絶対一様収束　33
絶対収束　32
絶対値　6
線積分　55, 61, 137
線素による線積分　62, 137
全微分可能　133
双曲線関数　83
相対コンパクト　15
総変動量　56

た行

体　2
代数学の基本定理　5, 78, 162
対数関数　43, 80
楕円関数　156
多価　125
多価関数　43
多重連結　69
単純閉曲線　63
単連結　55, 63
調和関数　142
調和関数の最大値の原理　147
直接解析接続　124
点列コンパクト　14

等角写像　27, 151
導関数　20

な行

内点　12
内部　63

は行

発散量　137
微分可能性　20
複素関数　17
複素数　3
複素数体　3
複素積分　46, 62
複素積分可能　46
複素平面　6
部分分数展開　155
閉曲線　63
閉集合　11
閉包　12
冪級数　32, 35
偏角　6
偏角の原理　158, 160
補集合　11

ま行

無限遠点　100

や行

有界変動関数　55
優級数　33
有理関数　154
有理型関数　119, 153

ら　行

留数　102
留数解析　106
留数定理　104
領域　15

連結性　15
連続曲線　24
連続的微分可能　91

欧　字

Able の収束定理　35

Bolzano-Weierstrass の定理　14

Casorati-Weierstrass の定理　99
Cauchy 型積分　88
Cauchy の係数評価式　77, 95
Cauchy の主値積分　85
Cauchy の積分公式　71, 139
Cauchy の積分定理　66, 138
Cauchy の判定条件　34
Cauchy の評価式　77
Cauchy 列　10
Cauchy-Goursat の積分定理　66
Cauchy-Hadamard の公式　37
Cauchy-Riemann 方程式　136, 141

d'Alembert の公式　36
d'Alembert の判定条件　34
de Moivre の公式　9
De Morgan の法則　13
Dirichlet 問題　147, 150

Euler の関係　8, 42

Fourier 変換　116
Gauss の発散公式　62, 137
Green の公式　62, 141

Heine-Borel-Lebesgue の定理　15
Hölder 連続　92

Jordan の曲線定理　63
Jordan 閉曲線　63
Joukowski 変換　28

Landau の記号　19
Laplace 作用素　142
Laplace 方程式　142, 146
Laurent 係数　95
Laurent 展開　93, 95, 101
Laurent 展開の主部　96, 101
Liouville の定理　78, 132, 155

Morera の定理　79

Painlevé の定理　127
Plemelj の公式　91
Poisson 核　148

Riemann の除去可能定理　98
Riemann 和　45, 58
Rouché の定理　162

Schwarz の鏡像の原理　127
Schwarz の補題　133
Stieltjes 積分　55

Taylor 係数　77
Taylor 展開　41, 77

Vandermonde 行列式　120

著者略歴

磯　　祐　介
（いそ　　ゆう　すけ）

1958 年　神戸生
1982 年　京都大学理学部卒業
1988 年　京都大学理学研究科博士後期課程修了
　　　　（京都大学理学博士）
1988 年　京都大学助手（数理解析研究所）
　　　　京都大学助教授（理学部）を経て
1998 年　京都大学教授（情報学研究科）
　　　　現在に至る

ライブラリ理工新数学－T6
複素関数論入門

2013 年 7 月 25 日 ⓒ　　　　　初 版 発 行

著　者　磯　　祐　介　　　発行者　木 下 敏 孝
　　　　　　　　　　　　　印刷者　杉 井 康 之
　　　　　　　　　　　　　製本者　関 川 安 博

発行所　株式会社 サイエンス社
〒 151–0051　東京都渋谷区千駄ヶ谷 1 丁目 3 番 25 号
営業 ☎ (03) 5474–8500（代）　振替 00170–7–2387
編集 ☎ (03) 5474–8600（代）
FAX ☎ (03) 5474–8900

印刷　（株）ディグ　　製本　（株）関川製本所

《検印省略》
本書の内容を無断で複写複製することは，著作者および
出版者の権利を侵害することがありますので，その場合
にはあらかじめ小社あて許諾をお求め下さい．

ISBN978–4–7819–1326–1
PRINTED IN JAPAN

サイエンス社のホームページのご案内
http://www.saiensu.co.jp
ご意見・ご要望は
rikei@saiensu.co.jp　まで．